绍兴百笋宴
名菜精选

汇集"绍兴市长塘竹乡
驿站杯春笋烹饪大赛"精选菜品

主 编 李志强
副主编 曾金春 陶胜尧

浙江工商大学出版社 | 杭州
ZHEJIANG GONGSHANG UNIVERSITY PRESS

图书在版编目(CIP)数据

绍兴百笋宴名菜精选 / 李志强主编. — 杭州：浙
江工商大学出版社，2021.7（2022.9 重印）

ISBN 978-7-5178-4614-7

Ⅰ．①绍… Ⅱ．①李… Ⅲ．①竹笋－菜谱－绍兴－高
等职业教育－教材 Ⅳ．①TS972.123.1

中国版本图书馆 CIP 数据核字（2021）第 151066 号

绍兴百笋宴名菜精选
SHAOXING BAISUNYAN MINGCAI JINGXUAN
李志强 主编　曾金春　陶胜尧 副主编

责任编辑	郑　建
责任校对	何小玲
封面设计	林朦朦
责任印制	包建辉
出版发行	浙江工商大学出版社
	（杭州市教工路 198 号　邮政编码 310012）
	（E-mail:zjgsupress@163.com）
	（网址:http://www.zjgsupress.com）
	电话:0571－88904980,88831806（传真）
排　　版	杭州朝曦图文设计有限公司
印　　刷	广东虎彩云印刷有限公司绍兴分公司
开　　本	880mm×1230mm　1/32
印　　张	6.625
字　　数	160 千
版 印 次	2021 年 7 月第 1 版　2022 年 9 月第 2 次印刷
书　　号	ISBN 978-7-5178-4614-7
定　　价	69.00 元

前　言

　　绍兴地处华东、浙江省中北部、杭州湾南岸,属于亚热带季风气候,温暖湿润,地势南高北低,群山环绕、盆地内含、平原集中。境内良好的自然条件孕育了丰富的竹笋资源,市内上虞、柯桥、诸暨、嵊州、新昌各地均有名特优竹笋名产。竹笋,是上虞长塘镇的农业支柱产业,全镇共有竹林面积1.8万亩,年产竹笋达1.5万吨。在上虞人的心中,长塘笋的好吃是有口皆碑的。壳白,笋鲜,掘几颗黄芽头白煮、烧肉或烧芥菜吃,那可是春天最鲜灵的味道,怪不得人说:尝鲜莫过于春笋,四月不知肉味。长塘的毛笋销往上海、江苏、杭州、宁波等地,每年的四月份,不仅是长塘毛笋的生长旺期,也是销售旺季。由于竹林山坡陡峭,为了更方便笋农运输,长塘镇还给竹山安装了"小火车"。近年来,长塘镇将乡村旅游、休闲旅游等作为经济增长点和"旅游＋"的重点领域,依托各村差异化旅游资源,加快休闲农业和乡村旅游景点、农家乐建设,全力打造"一村一品""一家一特"等乡村旅游特色品牌,建成一批民俗风情型、产业发展型、旅游休闲型等各具特色的美丽乡村,以大力发展乡村旅游为契机,奏响"全域旅游"新乐章。

　　绍兴市上虞区职业中专在省中职名校建设、高水平学校建设,以及烹饪省名专业建设、高水平专业建设的背景下,服务地方优势产业,在绍兴市职业技能开发中心,绍兴市餐饮和烹饪协会的大力支持下,旨在为绍兴特色竹笋和农家乐产业开发菜品的"绍兴市长塘竹乡驿站杯 春笋烹饪大赛"如期举行,绍兴市内各大酒店、餐饮企业，"长塘竹乡驿站"等农家乐厨师参加了比赛，带来了许多优秀菜品。

本书是在比赛基础上，由上虞区职业中专烹饪专业教师李志强、曾金春、陶胜尧等进行二次加工、编辑而成的选修课教材。本书也将作为"长塘竹乡驿站"等市内农家乐厨师培训用书及厨艺爱好者的学习用书。

本书另有教案、课件、视频等配套素材作为教材辅助学习资源。

本书的编写得到了绍兴市餐饮和烹饪协会名厨委员会、上虞区餐饮行业协会、陈功年先生、朱烈江老师等的大力支持，在此一并致谢！由于编者水平所限，书中难免错漏之处，敬请读者朋友们批评指正。

编者

2021 年 1 月

目　录

1.冰镇笋丝

【菜肴】冰镇笋丝

【主料】新鲜雷笋

【配料】基围虾、甜青豆

【调料】盐、白糖、蒜、鲜味宝(味精)、葱油

【烹调技法】

凉拌

【制作过程】

①将新鲜雷笋去掉笋衣,切成 6 厘米长的粗丝,放入盐水锅中用小火煮 5 分钟,以去除笋的苦涩味,沥干水分备用。

②把基围虾清洗干净,剥去虾壳入盐水锅中进行焯水,烧熟后取出虾仁切去头尾,然后把甜青豆放入盐水锅焯水断生即可。

③将沥干水分的笋丝加入调料拌至均匀,放入圆筒形模具中稍稍按压成型,置于器皿中。然后摆放甜青豆粒、虾仁进行造型,放入冰箱冷藏半小时,最后点缀蝴蝶兰等配饰。

【风味特点】

脆嫩爽口。

【制作要点】

①煮制笋丝时,时间不要太长,否则笋丝吃起来不嫩。

②笋丝煮好以后,应快速放入冰水中冰镇以保持笋的脆嫩口感。

【知识链接】

雷笋,学名雷竹笋,又名雷公笋、早园笋、雷笋,因早春打雷即出笋而得名,是春笋市场上最早上市的笋种。

2.手拍咸水笋

【菜肴】手拍咸水笋

【主料】咸水笋

【调料】盐

【烹调技法】

盐水煮

【制作过程】

①将咸水笋漂水,洗去多余盐分,焯水后迅速过凉备用。

②将咸水笋拍成小块,装入盘中即成。

【风味特点】

咸鲜味美,清脆爽口。

【制作要点】

①咸笋表面有盐分,在食用前要把咸笋浸泡一段时间,时间不用太久,只需要多换几次水,洗去盐分即可。

②在做菜的时候一定要减少盐的用量,以免过咸。

【知识链接】

笋的吃法很多,素有"荤素百搭"的盛誉,笋味道清淡鲜嫩,营养丰富。人们如能常食用笋,不仅能促进肠道蠕动,而且能帮助消化并有预防大肠癌的功效。笋经过腌制就变成了咸笋。咸笋,脆嫩,鲜味足,咸淡适宜,既可下酒,又能拌饭。

咸笋属于腌制食品,有高血压的人要适量食用,最好不吃。

3.马兰头拌笋

【菜肴】马兰头拌笋

【主料】春笋、马兰头

【调料】盐、味精、糖、香油

【烹调技法】

凉拌

【制作过程】

①将春笋、马兰头分别焯水过凉并沥干水分。

②将春笋、马兰头剁碎后,拌入盐、味精、糖、香油等调料即成。

【风味特点】

清香爽口,春季佳品。

【制作要点】

①马兰头要选新鲜的,在焯水后需立即放入冰水中过凉,防止变色。

②笋最好选择当日现挖的,突出笋的清香。

【知识链接】

马兰头,又名马兰、红梗菜、鸡儿肠、田边菊、紫菊、螃蜞头草等,属菊科马兰属多年生草本植物。马兰头生于路边、田野、山坡上。马兰头现有培育品种有红梗和青梗两种,均可食用,药用以红梗马兰头为佳。全国大部分地区均有分布。马兰头可于采摘后新鲜食用,也可将其晒干做干菜,食用时再用水泡发。常见的烹调方法有炒、煮汤、凉拌等。

4.滋味八宝笋

【菜肴】滋味八宝笋

【主料】毛笋 500 克

【配料】柠檬 1 个

【调料】老抽 10 克、白糖 30 克、玫瑰米醋 40 克、八角 2 粒、葱结 1 个、芝麻油适量

【烹调技法】

煮

【制作过程】

①将毛笋剥去外壳,削去笋节,焯水烧熟后泡冰水降温。

②将毛笋修成长5厘米、宽3厘米的笋块,切2毫米薄片,取老抽、白糖、米醋、盐、蚝油拌成糖醋汁,加入八角、葱结,再下入笋,腌制入味,淋上芝麻油即可。

【风味特点】

咸鲜微酸,味道独特。

【制作要点】

①笋在切薄片时要片得厚度一致,薄而均匀。

②笋入味汁中浸泡腌渍的时间要把握恰当,过长则味重,过短则淡而无味。

【知识链接】

新鲜竹笋要焯水,鲜笋含大量的草酸,会影响人体对钙质的吸收,因此鲜笋不要切后就炒,要在炒前用开水焯3分钟,使鲜笋中的大部分草酸分解,这样不但不会影响钙质吸收,还会除去涩味,提升口感。

5.三鲜笋卷

【菜肴】三鲜笋卷

【主料】毛笋

【辅料】胡萝卜

【调料】盐、糖、味精、蚝油

【烹调技法】

煮

【制作过程】

①将毛笋处理干净，修整后切成大块，放入高汤中煮熟。

②将入味的毛笋块片成薄片，胡萝卜切细丝，将胡萝卜卷入笋片中，卷紧后斜刀切成小段（菱形），摆入盘中即成。

【风味特点】

清脆爽口，造型独特。

【制作要点】

①毛笋煮制时要注意时间。

②毛笋卷胡萝卜时要卷紧，才能保证切时不会散开。

【知识链接】

《本草纲目拾遗》："毛笋，即茅竹笋，笋之大者。"《笋谱》："毛笋为诸笋之王，其箨有毛，故名。俗呼为猫笋者，非也。大者重几二十余斤，忧未出土，肉白如霜，堕地即碎，以指掐之，其软嫩如腐，嗅之作兰香。毛笋大者，清明后方有，其出于腊月及正月者，形短小，箨亦有毛，食之多嘈心，然消痰之力，较胜他笋。"

6. 手剥笋

【菜肴】手剥笋

【主料】雷笋

【调料】盐、花椒、八角、香叶、高汤

【烹调技法】

煮

【制作过程】

①将雷笋洗净,切成大段,留笋尖。

②锅中加入高汤、盐、八角、香叶、花椒等调料,再将雷笋放入,待入味后捞出装盘即可。

【风味特点】

咸鲜微麻,清淡爽口。

【制作要点】

①煮制雷笋时要煮透,避免因未熟透而留有涩味。

②雷笋煮熟后需立即放入冰水中过凉,以保证其爽脆的口感。

【知识链接】

雷笋是禾本科竹亚科刚竹属竹种,主要分布于浙江西北、江西的丘陵平原地带。由于雷竹具有出笋早、产量高、笋期长、笋味美、年年出笋、效益好、适应性强等特点,故有较高的营养价值和商品价值。

7.三鲜笋

【菜肴】三鲜笋

【主料】莴笋、毛笋

【配料】红椒

【调料】盐、味精、香油、糖、酱油、醋

【烹调技法】

煮

【制作过程】

①将毛笋切成厚约 2 毫米的薄片,莴笋切成直径约 3 毫米的粗丝。

②将毛笋、莴笋分别焯水,而后过凉备用。

③将莴笋拌入适量盐、味精、糖、醋、香油等调料拌匀。

④毛笋拌入适量盐、醋、酱油、糖调味。

⑤将毛笋片卷起装入盘中,莴笋丝拌匀堆垛在盘中,最后将红椒切成细丝撒在上面装饰即成。

【风味特点】

咸鲜酸甜,一菜双味。

【制作要点】

将莴笋和毛笋分别焯水时要把握好时间。

【知识链接】

莴笋又称莴苣,菊科莴苣属莴苣种能形成肉质嫩茎的变种,一两年生草本植物。别名茎用莴苣、莴苣笋、青笋、莴菜。产期:1—4月。莴苣原产地在地中海沿岸,大约在五世纪传入中国。茎皮白绿色,茎肉质脆嫩,幼嫩茎翠绿,成熟后转变成白绿色。主要食用肉质嫩茎,可生食、凉拌、炒食、干制或腌渍。

8.油淋双脆

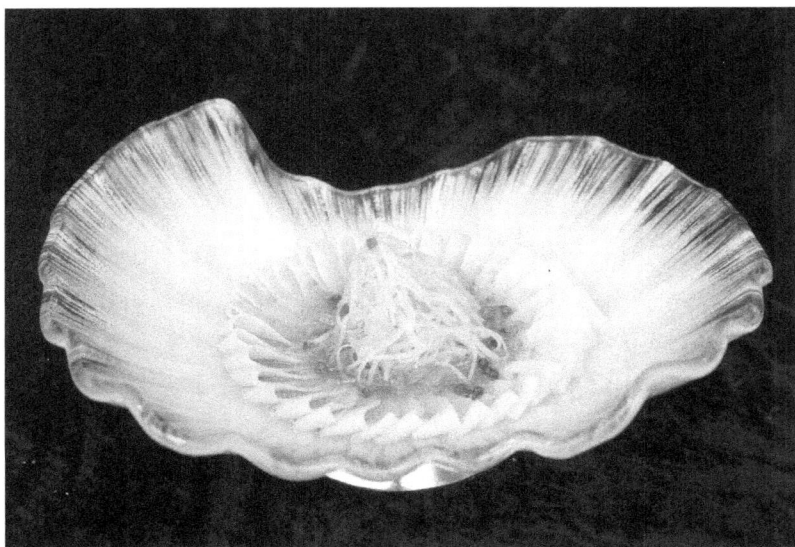

【菜肴】油淋双脆

【主料】冬笋、莴笋

【调料】红尖椒、香油、盐、青花椒、味精、白糖

【烹调技法】

捞汁拌

【制作过程】

①将冬笋放入高汤后切成薄片，卷起摆入盘中。

②将莴笋切成细丝，而后拌入香油、盐、味精、糖、红辣椒、青花椒等，装入盘中，最后在盘中淋入香油即成。

【风味特点】

清鲜爽口，略带麻辣。

【制作要点】

冬笋在批片时要注意片的厚薄一致。

【知识链接】

冬笋是一种富有营养价值并具有医药功能的美味食材，质嫩味鲜，清脆爽口，含有丰富的蛋白质和多种氨基酸、维生素，还含有钙、磷、铁等微量元素及丰富的纤维素，能促进肠道蠕动，既有助于消化，又能预防便秘和结肠癌的发生。冬笋含有较多草酸，与钙结合会形成草酸钙，患尿道结石、肾炎的人不宜多食。

9."鱼"后春笋

【菜肴】"鱼"后春笋

【主料】春笋、草鱼

【配料】薄荷叶

【调料】盐、糖、味精、高汤、猪油

【烹调技法】

佘

【制作过程】

①将春笋取笋尖,焯水,放入高汤中入味待用。

②将草鱼出肉,打成鱼蓉,在水中挤成鱼饼,放入高汤中氽熟入味,取出盛入器皿中。然后将春笋尖插入鱼饼中,加入适量的高汤,点缀薄荷叶进行装饰即可。

【风味特点】

口感咸鲜、鱼饼滑嫩。

【制作要点】

①在取笋尖时,可以留少许嫩笋衣,保留笋的清香。

②鱼饼氽制时火候不宜过大,避免鱼饼变老,失去滑嫩的口感。

【知识链接】

"鱼"后春笋,取名自雨后春笋,因"雨"与"鱼"谐音,采用寓意法命名,这也是一种菜肴命名的方法,寓意高雅。

10.虾蓉笋卷

【**菜肴**】虾蓉笋卷

【**主料**】笋、虾仁

【**配料**】菌菇、蒜苗、番茄

【**调料**】盐、糖、味精、高汤、调和油

【**烹调技法**】

卷包蒸

【制作过程】

①将毛笋切成大的长方块,放入冷水锅进行焯水,捞出后片成大的薄片。

②将虾仁打成蓉,加入菌菇丝,调味后,卷入笋片中,用蒜苗丝打结捆扎。

③将捆扎好的虾蓉笋卷放入高汤中,以旺火上笼蒸3分钟,将蒸制好的虾蓉笋卷摆在盘中。取番茄一个,用小刀削去皮,但不要削断开,将番茄皮卷成一朵牡丹花进行点缀装饰。

【风味特点】

荤素搭配,营养丰富,咸鲜脆嫩。

【制作要点】

①毛笋也可以先整块煮断生,再进行修整,这样加工的毛笋就不会碎裂。

②蒸制时间不能过长,否则虾肉会变老韧,影响成菜的口感。

【知识链接】

卷包蒸:也可称为包蒸,是蒸的一种技法,通常适用于造型菜肴,是将不同的调料腌制入味的烹调原料,用猪网油、荷叶、竹叶、芭蕉叶等包裹后,放入器皿中,用蒸汽加热至熟的方法,此法保持原料的原汁原味不受损失,又可增加包裹材料的风味。此菜即采用此法进行造型,选择笋片作为包裹的原料。

11.雨后春笋

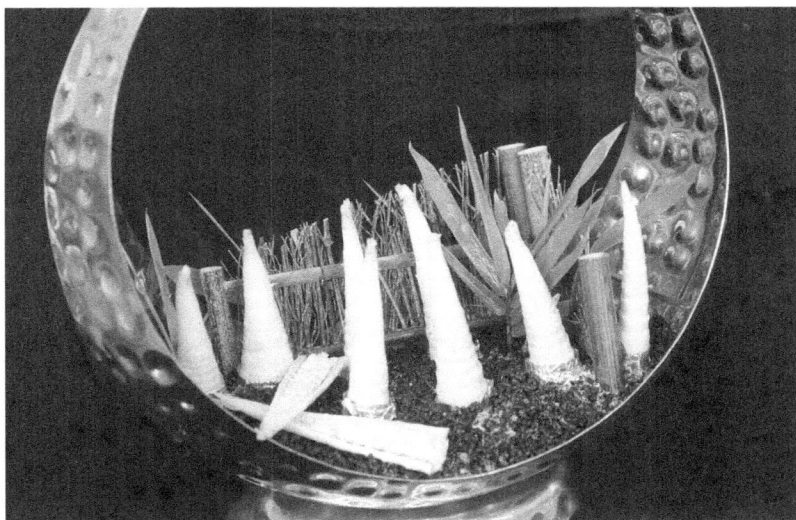

【菜肴】雨后春笋

【主料】春笋

【配料】虾仁、高汤

【调料】盐、糖、味精、高汤、绍酒、生姜、胡椒粉、生粉

【烹调技法】

酿

【制作过程】

①将春笋去笋壳,切掉硬笋部分,用刻刀把笋心掏空。

②把虾仁用刀背锤成泥,放点笋末、盐、绍酒、生姜水、胡椒粉、生粉打成蓉,酿入圆形器皿里面,用锡纸封口。

③放入调好味的高汤中以文火煨制 30 分钟,捞出装盘即成。

【风味特点】

口味咸鲜,造型富有农家乡土气息。

【制作要点】

采用酿这类烹调方法烹制菜肴时,要注意用小火加热,使外加的调料渗透到内部酿料中,这样酿料、底料口味相同而质感不同,菜肴别具特色。底部的黑米烘烤时温度要低一些。

【知识链接】

"雨后春笋"出自宋代张耒《食笋》诗:"荒林春雨足,新笋迸龙雏。"酿菜是在一种原料中夹进、塞进、涂上、包进另一种或几种其他原料,然后加热成菜的方法。酿菜的做法,起源于客家饮食文化。酿豆腐、酿茄子、酿苦瓜是其中的佼佼者,被称为"煎酿三宝"。

12.碧绿春笋丸子

【菜肴】碧绿春笋丸子

【主料】草鱼

【配料】春笋、菠菜

【调料】盐、味精、高汤、葱、姜、料酒、鸡蛋清

【烹调技法】

氽

【制作过程】

①将草鱼出肉加工,加水、葱、姜、料酒、少许盐、蛋清打成鱼蓉;将春笋亦打成细末。

②将鱼蓉与春笋末混合,用力搅拌,调味。

③将鱼蓉挤出丸子,下入冷水锅中氽熟。

④将菠菜焯水后过凉,打成菠菜汁,加高汤烹制调味,盛入小碗中。

⑤将春笋丸子放入小碗中装盘。

【风味特点】

鱼蓉细腻,入口即化,味道清鲜。

【制作要点】

菠菜和春笋都要进行焯水初步处理,两种原料的草酸含量都较高。

【知识链接】

草酸是生物体的一种代谢产物,尤以菠菜、苋菜、甜菜、马齿苋、芋头、甘薯和大黄等植物中含量最高,由于草酸可降低矿质元素的生物利用率,在人体中容易与钙离子结合形成草酸钙导致肾结石。草酸在人体内不容易被氧化分解掉,其经代谢作用后形成的产物,属于酸性物质,可导致人体内酸碱度失去平衡,严重时还会中毒。草酸在人体内如果遇上钙离子和锌离子便生成草酸钙和草酸锌,不易吸收而排出体外。

13.春笋鳕鱼盅

【菜肴】春笋鳕鱼盅

【主料】鳕鱼、春笋

【配料】青豆、玉米

【调料】盐、味精、胡椒粉、高汤、生粉、料酒

【烹调技法】

滑炒

【制作过程】

①鳕鱼切丁,春笋切丁。再把鳕鱼加入盐、味精、生姜水、生粉、料酒腌制一下。

②把春笋、玉米、青豆、焯水备用。

③把鳕鱼滑油,然后与配料放在一起滑炒,出锅后上面加点鱼子酱作为点缀。

【风味特点】

口味咸鲜、滑嫩。

【制作要点】

鳕鱼肉质细嫩,在滑油时油温要控制在二至三成,滑炒动作要快,避免鳕鱼肉质变老发硬。

【知识链接】

鳕鱼是鱼类中蛋白质高、脂肪低的优质品种,鱼脂中含有儿童发育所必需的各种氨基酸,其比值和儿童的需要量非常相近,十分容易被人体消化吸收。鳕鱼的肝脏大且含油量高(含油量20%—40%),除了富含普通鱼油所具有的 DHA 和 EPA 外,还富含人体所必需的维生素 A、D、E 以及其他多种维生素,是提取鱼肝油的优质原料。

14.鲜笋酿菌菇

【菜肴】鲜笋酿菌菇

【主料】嫩鲜笋

【配料】鱼蓉、虾蓉、羊肚菌

【调料】盐、糖、味精、高汤、绍酒、生姜、胡椒粉、生粉

【烹调技法】

炖

【制作过程】

①将笋切成长片,卷成笋形,把鱼蓉填充到笋形内。

②羊肚菌洗净,虾蓉调味后填入羊肚菌内,放入盛器,倒入鲜汤,用旺火炖 20 分钟即成。

【风味特点】

咸鲜味浓,香醇适口。

【制作要点】

干的羊肚菌需要经过泡发后才能食用。泡发羊肚菌时水的量要适度,以刚刚浸过菇面为宜,二三十分钟后水变成酒红色,羊肚菌完全变软即可捞出洗净备用。

【知识链接】

羊肚菌因菌盖部分凹凸成蜂窝状,酷似翻开的羊肚(胃)而得名。它是世界公认的著名珍稀食药兼用菌,其香味独特,营养丰富,功能齐全,食效显著。它富含多种人体需要的氨基酸,具补肾、壮阳、补脑、提神等功效。羊肚菌是一种极为珍贵的野生菌。挑选羊肚菌一般以个大,色深,尖顶为优。

15.春色满园

【菜肴】春色满园

【主料】胖头鱼肉 500 克

【配料】笋衣 200 克、上海青 200 克、胡萝卜 100 克

【调料】盐、糖、味精、绍酒、生姜、生粉、鱼子酱

【烹调技法】

氽

【制作过程】

①将胖头鱼用刀刮出鱼蓉,放入清水中漂洗干净,沥干水分后加入蛋清打成上劲的鱼蓉,加入笋衣末,做成鱼圆。

②取小青菜的菜心修整,放入开水锅中焯水摆盘,将余熟的鱼圆勾玻璃芡摆入盘中,点缀鱼子酱装饰即可。

【风味特点】

鱼圆色泽洁白,入口咸鲜滑嫩。

【制作要点】

先冷藏一下再刮取鱼肉。操作时,要顺着纤维纹路刮,刀的倾斜角以 45 度为宜,将鱼肉刮成薄片。让刮下的鱼肉漂浮于清水中,以去除血筋和混浊杂质,使鱼肉变白色,然后用洁净新纱布滤去水,这样制作的鱼圆才会白。

【知识链接】

鳙鱼也叫胖头鱼,大而肥,肉质雪白细嫩,深受人们的喜爱。鳙鱼属于高蛋白、低脂肪、低胆固醇的鱼类。另外,鳙鱼还含有维生素 C、维生素 B2、钙、磷、铁等营养物质。清蒸、红烧、做砂锅鱼头或煮味噌汤皆适宜。

16.虞笋山宝

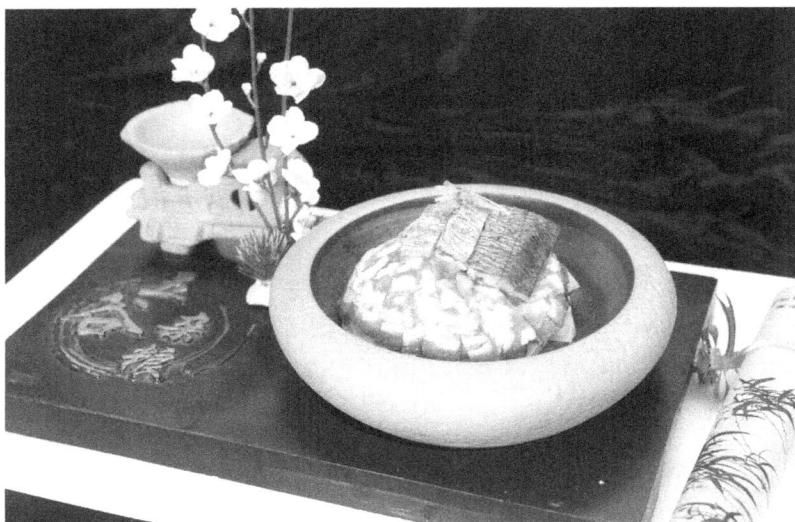

【菜肴】虞笋山宝

【主料】鳗鱼鲞、腊肠

【配料】春笋、芋头

【调料】盐、糖、味精、绍酒、生姜、小葱

【烹调技法】

扣蒸

【制作过程】

①将鳗鱼鲞清洗干净,改刀切成长方块,腊肠切片、春笋切片、芋头切滚料块。

②取扣碗一只,在底部摆放好鳗鱼鲞块,再排入一层腊肠,一层春笋片。

③在碗口上部摆放芋头,加入高汤,放入盐、糖,上笼蒸制20分钟。

④而后撇去汤汁,倒扣入器皿中,添加少许原汤,撒少许葱花即成。

【风味特点】

腊香浓重、咸甜适口、柔韧不腻。

【制作要点】

腊味蒸好上桌后,要趁热吃完,不然腊肠中的猪油变冷会凝固,吃起来会很肥腻。用鸡汤或高汤来蒸腊味,可使腊味更加鲜美入味,汤汁也更香浓。

【知识链接】

扣蒸:就是将原料经过改刀处理按一定顺序复入碗中,上笼蒸熟的方法,蒸熟菜肴翻扣装盘,形体饱满,神形生动。工艺流程:选料→切配→调味处理→蒸制→覆出→浇汁(调料→勾芡)→装盘。

17. 姒家酿笋

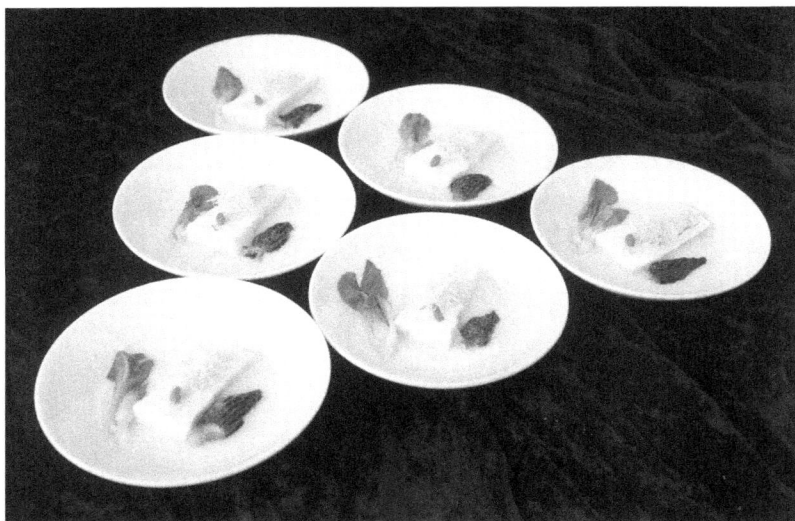

【菜肴】姒家酿笋

【主料】春笋、虾仁

【配料】羊肚菌、青菜心、枸杞、瑶柱丝

【调料】盐、糖、味精、绍酒、生姜、小葱

【烹调技法】

酿

【制作过程】

①将春笋中间掏空,填入虾蓉,上笼蒸制。

②放上瑶柱丝,摆入碗中,加羊肚菌、青菜心点缀。

【风味特点】

口味咸鲜脆嫩,香味浓厚。

【制作要点】

羊肚菌一定要涨发泡软,否则入菜后质地发硬,最好在高汤中先入一次味,再同主料一起蒸制。

【知识链接】

瑶柱丝即扇贝干制品,鲜贝闭壳肌干制搓丝后即是"瑶柱丝",被列入"八珍"之一,瑶柱丝含丰富的谷氨酸钠,味道极鲜。与新鲜扇贝相比,腥味大减。矿物质含量远在鱼翅、燕窝之上。

18.鲍汁脆笋

【菜肴】鲍汁脆笋

【主料】鲍鱼

【配料】春笋、青红椒

【调料】

盐、糖、味精、绍酒、生姜、小葱、调和油、高汤、老抽、酱油

【烹调技法】

烧

【制作过程】

①将小鲍鱼剞花刀,焯水。

②将春笋切片,与卤汁拌匀,堆垛于盘中,将小鲍鱼放入鲍鱼汁中烧煮入味,围于盘中。

【风味特点】

鲍鱼肉质鲜美,营养丰富,口感上一菜双脆。

【制作要点】

将新鲜鲍鱼仔用清水清洗。把小刀从鲍鱼壳边缘插进去,把鲍鱼肉和壳分离出来。鲍鱼壳上留下的鲍鱼肠要扔掉,鲍鱼肉加少许盐揉抓,再用清水清洗干净沥干水即可。剞花刀的刀纹不要太深,一般 3/5 为好。

【知识链接】

鲍鱼是名贵的"海珍品"之一,味道鲜美,营养丰富,被誉为海洋"软黄金"。鲍鱼是名贵的海洋食用贝类,被誉为"餐桌黄金,海珍之冠",其肉质细嫩、营养丰富。鲍鱼(Abalone),其名为鱼,实则非鱼,种属原始海洋贝类,单壳软体动物。由于其形状恰似人的耳朵,所以也叫"海耳"。

19.罗王笋酸菜鱼

【菜肴】罗王笋酸菜鱼

【主料】罗王笋、黑鱼

【配料】酸菜、香菜

【调料】盐、生抽、小米椒、花椒、姜米、蒜泥、葱花

【烹调技法】

煮

【制作过程】

①将酸菜洗净,黑鱼出肉切成薄片上浆,罗王笋切成长条。

②将黑鱼片焯水,酸菜煸出香味,加高汤、笋片、鱼骨、香料等一同炖煮。

③临出锅前放入黑鱼片,盛入盘中即成。

【风味特点】

口味酸辣可口,鱼片入口滑嫩。

【制作要点】

①鱼片一定要用蛋清抓匀,才够鲜嫩。忌用淀粉,否则煮出来的汤会变混浊。

②鱼骨和鱼片要分开下锅,以免鱼骨煮不熟,鱼片不成形。

③切鱼片不能切得太厚,否则不易煮熟煮透,腌制时加入鸡蛋清,可使煮好的鱼片更加鲜美嫩滑。

【知识链接】

黑鱼,是乌鳢的俗称。乌鳢属鲈形目鳢科,是鳢科鱼类中分布最广、产量最大的种类,又名乌鱼、生鱼、财鱼、蛇鱼、火头鱼、黑鳢头等。

20.竹园虾趣

【菜肴】竹园虾趣

【主料】冬笋、虾仁

【配料】青菜心、荷兰芹

【调料】盐、糖、味精、姜米、葱

【烹调技法】

氽(清氽)

【制作过程】

①将虾肉打成虾蓉，调味打上劲，加入笋末，挤成虾球，放入高汤汆熟。

②把冬笋挖一个洞，将虾球放入。

③将青菜心炒熟围边，摆上剩余虾球成菜。

【风味特点】

菜肴的主料突出本味，辅料弥补主料鲜味。

【制作要点】

毛笋要在盐水中煮熟透再修整造型，清汆蓉缔制品时，汤汁不宜沸。因蓉缔制品十分细嫩，火候过了，成品易起孔变老，只有以小火保持汤汁热而不沸，这样才能保证菜肴口感细嫩。

【知识链接】

用汆法成菜一般以汤作为传热介质，成菜速度较快。这种方法特别注重对汤的调制。汤质上，有清汤与浓汤之分，用清汤汆制的叫清汆，用浓汤汆制的叫浓汆。不管是清汆还是浓汆，所选原料必须细嫩鲜美，通常选用动物类细嫩瘦肉，如猪里脊肉、鸡脯肉、鱼、虾、贝，以及肝、腰之类，而老韧、熟料或不新鲜有异味的原料，则不宜选用。

21.兰花玉子笋

【菜肴】兰花玉子笋

【主料】春笋尖

【配料】鱼子、虾仁

【调料】盐、味精、胡椒粉、高汤

【烹调技法】

酿

【制作过程】

①将春笋头切四刀成八瓣,放入清水中浸泡,笋尖卷曲成兰花瓣状。

②将虾仁打成蓉后调味挤成虾球。

③将虾球放入笋尖上,上笼蒸 10 分钟,点缀上鱼子酱成菜。

【风味特点】

菜肴造型别致,构思巧妙,质感脆嫩,口味咸鲜。

【制作要点】

将春笋去笋衣后,底部用刀切平,将笋尖部分用刀切开八等分,以清水浸泡约一小时后自然卷曲成兰花形状。

【知识链接】

对虾(学名东方对虾,又称中国对虾、中国明对虾和斑节虾)是节肢动物门软甲纲十足目对虾科对虾属的虾类。整只对虾的烹调方法有红烧、油炸、烤,加工成片、段后,可熘、炒、烤、煮汤,制成泥蓉,可制虾饺、虾丸等。

22.盐焗笋尖

【菜肴】盐焗笋尖

【主料】雷笋十颗

【配料】虾仁

【调料】高汤、盐、老酒、生姜水、胡椒粉、生粉

【烹调技法】

盐焗

【制作过程】

①雷笋取笋尖,用刻刀把笋心掏空。

②把虾仁用刀背打成泥,放点笋末、盐、老酒、生姜水、胡椒粉、生粉打成蓉,酿入圆形器皿里面,用锡纸封口。

③放入高温烘烤的椒盐中焗30分钟,捞出装盘即成。

【风味特点】

口味咸鲜脆嫩,造型别致。

【制作要点】

选择当日的春笋,粗细要均匀一致,酿入的虾仁不可太多,确保在一定时间内保证两种原料熟度一致。

【知识链接】

盐焗,是一种将加工腌渍入味的原料用砂纸或锡纸包裹,埋入烤红的晶体粗盐之中,利用盐的导热的特性,对原料进行加热成菜的技法。主要用于盐烤河鳗、盐焗明虾、盐焗鸡的制作及其他的一些创新菜研发。盐焗利用物理热传导的机理,用盐作导热介质使原料成熟,从而保持原料的质感和鲜味。

23.**纸包烤春笋**

【**菜肴**】纸包烤春笋

【**主料**】雷笋

【**配料**】虾仁、火腿

【**调料**】盐、糖、味精、姜米、蒜泥

【**烹调技法**】

烤

【制作过程】

①雷笋取前部,用刻刀把圆笋心掏空。

②把虾仁用刀背打成泥,放点笋末、火腿末、盐、老酒,生姜水,胡椒粉,生粉打成蓉,酿入圆形器皿里面,用锡纸封口。放入烤箱以 150℃烤 15 分钟,摆入盘内造型。

③放入调好味的高汤中用文火煨制 30 分钟,捞出装盘即成。

【风味特点】

口味咸鲜,笋香味美。

【制作要点】

本菜制作的关键在于选择新鲜的春笋,规格最好一致,利于同时烧熟,预热烤箱后,烤的时间要控制好,时间太长会导致笋的口感变老。

【知识链接】

烤是一种烹饪方法,将加工处理好或腌渍入味的原料置于烤具内部,用明火、暗火等产生的热辐射进行加热的技法总称。将原料用锡纸包裹,经烘烤后,内部形成密闭的空间,使原料香味不易分散,同时产生软嫩的口感效果。

24.江南一品扣

【菜肴】江南一品扣

【主料】腊肠、鳊鱼干

【配料】春笋

【调料】盐、糖、味精、生抽、调和油、生姜、小葱

【烹调技法】

扣蒸

【制作过程】

①将鳊鱼干改刀成长条形,腊肠切成长片,春笋切成圆片,分别摆入扣碗中。

②放入清汤上笼蒸制,成熟后倒去汤汁扣入盘中即成。

【风味特点】

富有绍兴特色文化,菜肴腊香味浓郁。

【制作要点】

笋切成厚片,原料逐层拼摆,蒸制时间控制在 20 分钟为好,时间过长影响春笋鲜嫩的口感。

【知识链接】

绍兴鳊鱼干的制法:

1.将鳊鱼洗干净、沥干水分,先把盐在鱼身上擦一遍,腌制一小时,去除血水和泥腥味。

2.起锅加入酱油,再放入白糖、红辣椒、桂皮、茴香、香叶、姜片、花椒,煮沸后改用小火烧 5 分钟入味。

3.烧好后的酱汁倒入干净的盆内冷却后,放入准备好的鱼,让酱汁均匀地浸没,适时翻翻鱼身,浸腌一天,在阳光明媚的太阳下晒 2—3 天,即成酱鱼干。

4.食用时清洗一下,切成小块,放适量黄酒、白糖、姜丝,水开后蒸 10 分钟即可。

25.笋干菜焗澳带

【菜肴】笋干菜焗澳带

【主料】澳带 200 克

【配料】干菜 20 克

【调料】酒、姜、蒜、葱等少量

【烹调技法】

焗

【制作过程】

①笋干菜用油膘蒸透。

②澳带加盐、水、淀粉、葱、姜、酒拌匀上浆。

③锅内加油，以小火将澳带煎至两面金黄。

④加入蒸好的干菜同焗。

【风味特点】

干菜香味浓郁，澳带鲜嫩。

【知识链接】

　　焗和蒸的区别：焗需要专用的炉子，蒸可以用笼屉、蒸锅，整个制作流程全都不一样。相对于蒸、焖、烤、炸等，焗是用专用的焗炉烤制，相较于其他的制作手法，焗更能保留食物的原汁原味，更能挖掘食物的营养价值。这是一种西餐技艺。蒸是把食物摆入竹笼屉里，笼屉上码上笼屉。蒸的优点是一次可制作多种食物，并节省燃料。所有的食物都可用蒸制法，如各种肉类、饺子、包子。

26.忆江南

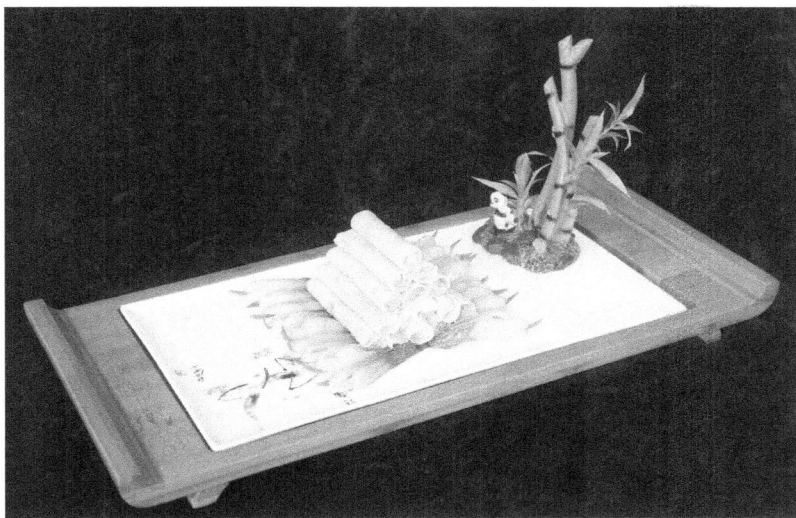

【菜肴】忆江南

【主料】毛笋

【配料】虾仁、香菇、猪腿肉、菜心

【调料】盐、糖、味精、调和油、生姜、小葱

【烹调技法】

卷包蒸

【制作过程】

①取新鲜粗大的毛笋去壳冷水下锅(冷水下锅煮出的毛笋不会麻口),煮熟再用冷水冲凉,再把毛笋肉厚的地方用桑刀批成薄片。

②再取剩下的笋切成丁,加入虾仁丁、香菇丁、肉丁、葱花调味拌成馅料。

③包入打好的薄笋片卷成卷,蒸熟即可。

④取好的小菜心焯水和包好的笋卷装盘点缀完成。

【风味特点】

口味咸鲜脆嫩,荤素搭配,营养丰富。

【制作要点】

制作这道菜时需要选择较大的毛笋,大的毛笋利于造型批片,卷馅料时要卷得紧实一些,旺火大气蒸8分钟就可以了,时间太长口感变老。

【知识链接】

香菇是世界四大栽培食用菌之一,被人们誉为"菇中皇后",在民间素有"山珍"之称,肉质肥厚细嫩,味道鲜美,香气独特,营养丰富,是一种药食同源的食物,具有很高的营养、药用和保健价值。

27.筒骨毛笋焖鲍鱼

【**菜肴**】筒骨毛笋焖鲍鱼

【**主料**】毛笋、小鲍鱼

【**配料**】芥菜、筒骨

【**调料**】盐、糖、味精、调和油、生姜、小葱

【**烹调技法**】

黄焖

【制作过程】

①将筒骨、鲍鱼分别焯水后备用,毛笋切成小块后备用。

②锅中加酱油、盐、蚝油、鲍汁鲜汤等调料,以大火烧开,加入毛笋、鲍鱼,以小火焖煮至入味。

③芥菜焯水摆入汤盘中,盛入烧好的鲍鱼、毛笋成菜。

【风味特点】

肉质柔软酥烂,香味浓厚。

【制作要点】

将加工整理好的筒子骨、小鲍鱼用沸水焯烫或煮制后放入锅中。加入调料和足量的汤水以没过原料,在密封条件下,用中小火较长时间加热焖制方能达到酥烂的质感。

【知识链接】

焖的烹调技法:将原料加工处理一下放入锅中,加入适量的汤水和调料,盖紧锅盖烧开后,改用微火进行较长时间的加热,煮熟后在常温下继续焖放一定的时间,待原料酥软入味。

28.凤尾虾卷

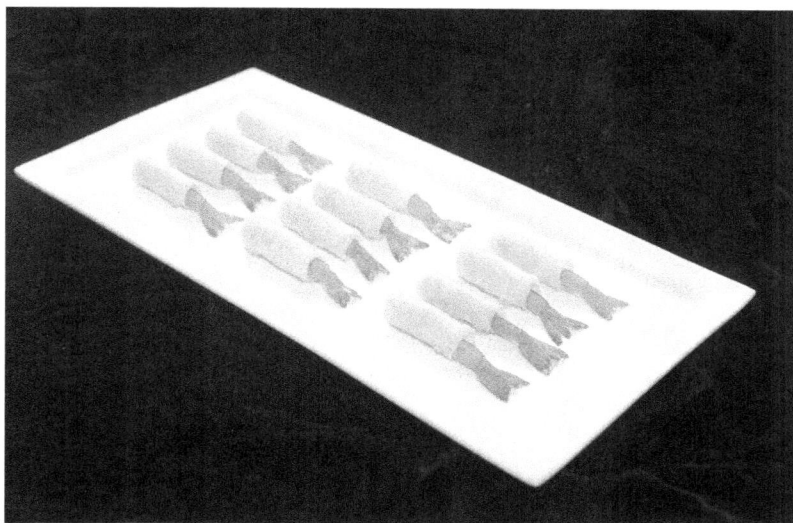

【菜肴】凤尾虾卷

【主料】冬笋

【配料】基围虾

【调料】盐、糖、味精、调和油、生姜、酒、葱

【烹调技法】

白灼

【制作过程】

①将冬笋焯水，切成薄片，将基围虾剥去虾壳，留尾部呈凤尾虾状，放入水锅中焯水。

②将焯过水的凤尾虾沾上沙拉酱，再将笋片卷在虾仁外面即成。

【风味特点】

毛笋的清香与基围虾的鲜嫩合二为一，清鲜美味。

【制作要点】

白灼基围虾较为常见，最能保持其原味的灼法：先以葱白、姜片起锅，倒入少许白酒，再加入适量清水，等水烧开后，放进基围虾灼熟（以蟹眼水泡为度），此过程若只用开水灼之，则虾的腥味仍会有残留，如加入姜、葱、酒等配料，腥味自然去尽。

【知识链接】

"白灼"是粤菜烹调的一种技法，以煮开的水或汤，将生的食物烫熟，称为"灼"。作为我国八大菜系之一的粤菜的烹调技法极为讲究，鲜活食材大多要求鲜、爽、嫩、滑，以及上乘的火候掌握，要求上桌仅熟，在鲜味营养与安全之间取得最佳平衡点。白灼突出清鲜而不是清淡。

29.笋片虾仁

【菜肴】笋片虾仁

【主料】春笋、虾仁

【配料】胡萝卜、青椒

【调料】盐、糖、味精、调和油、生姜、酒、葱、蛋清、生粉

【烹调技法】

滑炒

【制作过程】

①将春笋、青椒、胡萝卜切片待用,虾仁上浆备用。

②将春笋、胡萝卜分别焯水,虾仁入温油锅滑散。

③锅中留底油,放入葱段、姜片煸香后,放入虾仁、胡萝卜、春笋、青椒,翻炒至七成熟时,加入盐、味精、葱姜水、料酒、湿淀粉调制的对汁芡,翻炒均匀,出锅装盘。

【风味特点】

肉质滑爽脆嫩,口味鲜香清淡。

【制作要点】

烹制滑炒虾仁类菜肴一般用旺火快速烹调,加热时间均较短,并且采用对汁芡的方法。这样既能使芡汁紧紧包裹在虾仁上,又能保证虾仁细嫩的质感。若烹制时火力小,加热时间长,勾芡方法不正确(如采用卧汁芡),则会使虾仁变得老韧。

【知识链接】

选用质嫩的动物类原料经过改刀切成丝、片、丁、条等形状,用蛋清、淀粉上浆,用温油滑散,倒入漏勺沥去余油,原勺放葱、姜和辅料,倒入滑熟的主料后速用兑好的清汁烹炒装盘。因初加热采用温油滑,故名滑炒。

30.春笋三鲜汤

【菜肴】春笋三鲜汤

【主料】春笋

【配料】霉干菜、田螺、河虾

【调料】盐、糖、味精、调和油、生姜、酒、葱

【烹调技法】

煮

【制作过程】

①将春笋切成长段,剖开拍松,并留取笋尖一段。将霉干菜泡水待用。

②锅内下入葱、姜,煸香后下入高汤、酱油、田螺、河虾、霉干菜,以及雷笋,以大火烧开,以中火煮制约 30 分钟即成。

【风味特点】

河鲜与笋鲜的完美结合,体现出浓郁的上虞地方特色菜文化。

【制作要点】

选购春笋时一定要新鲜,才能煮出笋的香味,田螺要在清水中多养几天,去除部分腥味和泥沙,河虾要选择活虾,时令霉干菜为佳品。

【知识链接】

霉干菜又称乌干菜,是浙江绍兴一种价廉物美的传统名菜,也是绍兴的著名特产。生产历史悠久,主要产于浙江绍兴,霉干菜早在《越中便览》中就有记述:"霉干菜有芥菜干、油菜干、白菜干之别。芥菜味鲜,油菜性平,白菜质嫩,用以烹鸭、烧肉别有风味,绍兴居民十九自制。"可见那时绍兴霉干菜的制作已极为普遍了。

31.东坡虾酿笋

【菜肴】东坡虾酿笋

【主料】猪五花肋条肉、雷笋

【配料】虾仁、小番茄、西蓝花

【调料】盐、糖、味精、调和油、生姜、酒、葱、鲜酱油

【烹调技法】

红烧

【制作过程】

①将春笋切段,留笋尖部分用小刀戳通,将五花肉切块,虾仁打成虾蓉。

②将冬笋切成小块,西蓝花切块后焯水备用。

③将虾蓉酿入春笋尖内,酿笋尖入高汤上笼蒸至成熟备用。

④将五花肉、冬笋块焯水,而后加糖色、绍酒、鲜酱油等调味,以大火烧开小火焖煮,出锅前勾芡收汁。

⑤将酿笋尖对半劈开,与东坡肉、冬笋、小番茄、西蓝花一同摆入盘中装饰即成。

【风味特点】

东坡肉肥糯不腻,配以雷笋、西蓝花、小番茄后具有去油解腻功效。

【制作要点】

东坡肉一定要用小火慢烧1小时以上,这看似简单,实则重的是烧制的功夫。烧的火候不够,肉硬。烧的火候过了,肉又太软,不成形,严重影响最后的收汁和卖相。

【知识链接】

红烧肉是中华的一道经典名菜,口感肥而不腻、软糯香甜,红烧肉还富含胶原蛋白,是美容养颜保持肌肤弹性的好菜。当然,红烧肉味偏甜,不可多吃,有高血糖和高血脂的患者慎吃。红烧肉的烹饪技巧以砂锅为主,做出的肉肥瘦相间,香甜松软,入口即化。

32.腊味鲜笃笋

【菜肴】腊味鲜笃笋

【主料】腊鸭半只

【配料】毛笋、蚕豆瓣适量

【调料】盐、味精、高汤

【烹调技法】

煨

【制作过程】

①将腊鸭改刀成块,出水备用。

②将毛笋去皮出水,切成滚刀块。

③锅中加油下小料腊鸭煸炒,加水,放入笋块一起煨制入味。

【风味特点】

汤汁浓郁,口味咸鲜浓醇。

【制作要点】

用少许油先把腊鸭煸炒一下可以把腊鸭的油去掉一部分,不至于肥腻。因为腊鸭用盐腌制,制作前在水中浸泡10分钟,不要太长,否则风腊的香味散失,汤汁不鲜。

【知识链接】

煨是一种热菜烹调技法,是将加工处理过的原料先用开水焯烫,放入砂锅中加足适量的汤水和调料,用旺火烧开,撇去浮沫后加盖,改用小火长时间加热,直至汤汁黏稠,原料完全松软成菜的技法。

33.春笋雨露

【菜肴】春笋雨露

【主料】藕

【配料】毛笋、鸡脯肉

【调料】盐、生抽、料酒、味精

【烹调技法】

卷包蒸

【制作过程】

①将藕切成薄片,用盐水浸泡备用。

②将鸡脯肉剁成蓉,毛笋切末,混合均匀后加盐、味精、料酒、生抽等拌匀,捏成长条形。

③将藕片卷入鸡脯肉馅,卷紧后上笼蒸制,至成熟后拿出装盘即可。

【风味特点】

卷包蒸最大的优点就是保留了原料的鲜嫩,避免营养素的流失。

【制作要点】

在选择莲藕时应该选择靠近藕头的中部,这个部位含淀粉较少,吃起来口感脆爽,同时藕尽可能大点,方便批片,不要片得太厚,避免卷的时候碎裂。

【知识链接】

藕,属莲科植物。藕微甜而脆,可生食也可煮食。藕也是药用价值相当高的植物,它的根叶、花须、果实皆是宝,都可滋补入药。它能清热生津,凉血止血,散瘀血,熟用微温,能补益脾胃,止泻,益血,生肌。

34.鲜生三丁

【菜肴】鲜生三丁

【主料】黄瓜、胡萝卜、冬笋

【配料】鸡脯肉

【调料】盐、糖、味精、调和油、生姜、酒、葱、鲜酱油

【烹调技法】

炒

【制作过程】

①将黄瓜、胡萝卜、冬笋、切丁焯水,鸡脯肉切丁,上浆,滑油。

②将冬笋丁、鸡丁、胡萝卜、黄瓜丁加入酱料翻炒,均匀成菜。

【风味特点】

菜肴三色分明,酱香味美。

【制作要点】

三料切的大小要一致,鸡脯肉要进行上浆处理,否则口感老韧。一定要以旺火速炒快成。

【知识链接】

鸡胸肉,是鸡身上最大的两块肉,鸡胸肉是在胸部里侧的肉,形状像斗笠,也叫胸脯肉。肉质细嫩,滋味鲜美,营养丰富,能滋补养身。鸡胸肉蛋白质含量较高,且易被人体吸收利用,有增强体质、强壮身体的作用,含有对人体生长发育有重要作用的磷脂类,是中国人膳食结构中脂肪和磷脂的重要来源之一。

35.笋干老鸭煲

【菜肴】笋干老鸭煲

【主料】老鸭

【配料】笋干、火腿

【调料】盐、糖、调和油、生姜、酒、葱

【烹调技法】

煨

【制作过程】

①将老鸭宰好、毛煺净,挖掉鸭臊及五脏,洗净,放入冷水锅焯去血污。

②以粽叶垫底,将老鸭、笋干、火腿放入砂锅,加入葱、姜、黄酒、高汤、老鸭原汤、药料包,用文火煨 4—5 小时,拣去粽叶、葱、姜,用精盐、味精调好味即可。

③最后摆上火腿片装盘。

【风味特点】

汤醇味浓,油而不腻,酥而不烂,生津开胃。

【制作要点】

老鸭宰杀后应在冷水中浸漂半个小时,漂去血污和腥味,在冷水中焯水后清洗干净,保持微火汤汁滚而不沸 4 个小时。

【知识链接】

笋干老鸭煲是浙江杭州地区特色传统名菜之一,汤醇味浓,油而不腻,酥而不烂,生津开胃。老鸭煲的主料取自江南土鸭,即中华绿头鸭,为保持肉质鲜嫩,选用隔年老鸭最佳,同时采用独家配方以砂锅煨制而成。

36.虞府笋上鲜

【菜肴】虞府笋上鲜

【主料】鸡蛋、鲍鱼

【配料】毛笋

【调料】盐、糖、调和油、生姜、酒、葱、生抽、高汤

【烹调技法】

蒸

【制作过程】

①将笋切小丁,焯水备用,将鸡蛋打散,鲍鱼剞上花刀氽熟备用。

②将鸡蛋加入酱油、笋丁等调和,打匀后放入碗中上笼蒸制,即成。

③中间放入剞好花刀并氽熟的鲍鱼。

【风味特点】

质感滑嫩咸鲜,鲜笋配上鲜鲍使得菜肴集鲜味于一体。

【制作要点】

这道菜火候控制是关键,笋丁要切得细小一些,蒸制时要以小火缓汽蒸,否则蛋液会有蜂窝状气泡,这样味道就不鲜了。

【知识链接】

火候是指在烹饪过程中,根据菜肴原料质感的老嫩硬软、厚薄大小和菜肴的制作要求,采用的火力大小与时间长短。火候是烹调技术的关键环节。即使有好的原料、辅料、刀工,若火候不够,菜肴也不能入味,甚至半生不熟;若过火,就会失去菜肴鲜嫩爽滑的口感。

37.鸡蓉酿春笋

【菜肴】鸡蓉酿春笋

【主料】春笋

【配料】鸡脯肉、罗汉豆

【调料】盐、糖、调和油、生姜、酒、葱、生抽、高汤

【烹调技法】

酿

【制作过程】

①将春笋去皮取笋尖切段,笋尖掏空焯水,加入笨鸡半只,火腿 100 克,姜、葱、料酒、盐、鸡汁少许,煨制入味备用。

②将鸡脯肉解冻,冲洗干净,用刀排成鸡蓉,加盐、味精、料酒、蛋清、胡椒粉,调味备用。在煨制好的笋尖内部拍生粉,将鸡蓉填入,进蒸箱蒸制 6 分钟即成。

【风味特点】

色泽清爽,口味咸鲜。

【制作要点】

①制作本菜时首先制作好高汤,让笋尖先在高汤中入味。

②酿入鸡蓉后连同高汤一起入蒸箱中蒸制 6 分钟,时间不要过长,以免鸡蓉变老。

【知识链接】

罗汉豆,又称胡豆、蚕豆、佛豆、胡豆,在绍兴农村冬季作物中占极大比重,除小麦、油菜外,较多的就是罗汉豆。罗汉豆嫩时清香无比,可以直接水煮或者炒食,老时则含淀粉较多,宜用烘烤、油炸等烹饪方法。

38. 心中梦想

【菜肴】心中梦想

【主料】鳖、咸鸡

【配料】春笋

【调料】高汤、盐、鸡汁、胡椒粉、葱花、姜米

【烹调技法】

扣蒸

【制作过程】

①将咸鸡、鲞等改刀摆入碗内,将笋切片垫入碗中。

②加入高汤蒸制,蒸好后撇去汤汁,扣入碗中即成。

【风味特点】

咸鲜合一,风味独特,口感丰富。

【制作要点】

在选用咸鸡这类原料时,要先用清水浸泡,去掉一部分盐分,这样可以避免菜肴成菜后咸味过重。

【知识链接】

咸鸡的由来:很久以前,在客家人聚居的地方,有一位很疼爱外孙的外婆,由于过节时,女儿和外孙都无法回家,所以她在过年杀鸡时特地把鸡腿留下来,埋在盐堆里保存。等到节后女儿带外孙回娘家时,老婆婆就将盐堆里的鸡腿取出来给外孙吃。没想到经过盐腌制的鸡腿咸香鲜美,外孙特别喜欢吃,并一传十、十传百,一道美食就此诞生了。如今,客家咸鸡已成为客家餐厅的必备菜肴。

39.笋烧土鸡煲

【菜肴】笋烧土鸡煲

【主料】土鸡、春笋

【配料】黑木耳、胡萝卜、枸杞

【调料】盐、味精、料酒、花椒、葱花、姜米

【烹调技法】

烧

【制作过程】

①将土鸡剁成小块、春笋切片后分别焯水,黑木耳涨发备用。

②将土鸡、黑木耳、春笋、胡萝卜、枸杞一同炖煮 1—2 小时,而后调味,盛装出锅。

【风味特点】

口味咸鲜、味道鲜美。

【制作要点】

制作此菜一定要选用土鸡,味道才会鲜,在处理土鸡时要先在冷水中焯水,再洗去附着在身上的浮沫,春笋切块后也应焯一次水再一起烧煮。

【知识链接】

枸杞,是茄科、枸杞属植物。枸杞是商品枸杞子、植物宁夏枸杞、中华枸杞等枸杞属物种的统称。人们日常食用和药用的枸杞多为宁夏枸杞的果实"枸杞子"。功能:养肝,滋肾,润肺。枸杞子:甘,平。枸杞叶:苦、甘;性凉。可补虚益精,清热明目。

40.笋干菜烧肉

【菜肴】笋干菜烧肉

【主料】五花肉

【辅料】笋干菜、黄瓜、胡萝卜

【调料】生抽、老抽、盐、糖、料酒

【烹调技法】

烧

【制作过程】

①把五花肉切块,油放在锅里烧热,下肉炒干水分,加料酒,炒干,加老抽少许上色。

②加泡好洗净的笋干菜,再加生抽,炒匀,加水,淹没肉,烧开,然后用砂锅或铁锅用很小的火(保持水似开非开的状态),烧 1—2小时入味即可装盘。

【风味特点】

色泽红亮,肥而不腻。

【制作要点】

①在烧制时要注意投料顺序。

②在旺火收汁时要注意不停晃锅,防止糊锅。

【知识链接】

五花肉(又称肋条肉、三层肉)位于猪的腹部,猪腹部脂肪组织很多,其中又夹带着肌肉组织,肥瘦间隔,故称"五花肉"。这部分的瘦肉也最嫩且最多汁。它的肥肉遇热容易化,瘦肉久煮也不柴,做红烧肉或扣肉都属上等材料。

41.东坡笋

【菜肴】东坡笋

【主料】冬笋

【配料】西蓝花、稻草

【调料】盐、老抽、生抽、糖、料酒

【烹调技法】

烧

【制作过程】

①将冬笋切成正方块,焯水。

②加老抽上色、生抽提鲜调味,用稻草捆扎,制作成形似东坡肉状。

③上笼蒸制约 30 分钟即可。

【风味特点】

色泽红亮,味道鲜美,造型别致。

【制作要点】

制作这道菜要选用稍微大点的冬笋,因笋不容易入味,所以在烧制时要以小火长时间加热。

【知识链接】

西蓝花,俗称青花菜。原产意大利,19 世纪末传入中国。是常见蔬菜,通称绿花菜,也被称为西兰花。二年生草本植物,是甘蓝的一种变种。叶子大,主茎顶端形成肥大的花球,绿色或紫绿色,表面的小花蕾不密集在一起,侧枝的顶端各生小花球。富含的维生素 C 比辣椒还要高。

42.琥珀扣肉竹香饭

【菜肴】琥珀扣肉竹香饭

【主料】籼米饭

【配料】玉米粒、胡萝卜、豌豆、春笋、鸡蛋、五花肉、娃娃菜

【调料】盐、生抽、老抽、糖、料酒

【烹调技法】

蒸

【制作过程】

①竹香饭的制作：将籼米饭蒸熟晾凉，将各种炒饭配料焯水后炒制调味，将鸡蛋滑散成蛋丝。

②将鸡蛋、米饭和各种配料炒制后，放入竹筒中，上笼蒸制使其富有竹香。

③琥珀扣肉的制作：将五花肉焯水，加老抽、糖等上色，葱、姜、酒等去腥，入味后改刀切成片，摆成刀面扣在碗中，再放入娃娃菜等垫底，放入笼中蒸熟即成。

【风味特点】

米饭竹香四溢，扣肉肥而不腻。

【制作要点】

①竹筒要清洗干净。

②五花肉的肉皮烙一下可以去掉毛腥味，清洗干净后再焯水。

【知识链接】

籼米，又称长米、仙米，是用籼型非糯性稻谷制成的米。它属于米的一个特殊种类，米呈细长形，米色较白，透明度比其他种类差一些。煮食籼米时，因为它吸水性强，膨胀程度较大，所以出饭率相对较高，比较适合做米粉、萝卜糕或炒饭。籼米长者长度在7毫米以上，黏性较小，米质较脆，加工时易破碎。

43.盐焗长塘笋末东坡肉

【菜肴】盐焗长塘笋末东坡肉

【主料】五花肉

【配料】春笋、粗盐、鸡蛋清

【调料】盐、葱、姜、料酒、老抽、生抽、糖

【烹调技法】

盐焗

【制作过程】

①将五花肉与笋分别焯水。

②都采用东坡肉的制作方法制作,烧制入味后,包入锡纸中。

③将鸡蛋清与粗盐拌匀,包在锡纸包外围,放入焗炉中焗烤 30 分钟。

【风味特点】

香味独特,东坡肉皮酥肉嫩,别具风味。

【制作要点】

①将五花肉烧至七成熟后与笋一起用笋衣包裹起来,再用锡纸包外层,在烤制过程中会有笋的清香气味。

②锡纸包裹时可以多包一层,避免汤汁漏出来。

【知识链接】

粗盐为海水或盐井、盐池、盐泉中的盐水经煎晒而成的结晶,即天然盐,是未经加工的大粒盐,主要成分为氯化钠,但因含有氯化镁等杂质,在空气中较易潮解,因此存放时应注意湿度。粗盐能刺激和促进皮脂腺的分泌,有助于排出体内老化物和去除表面死皮层,从而令肌肤得以更新。

44.农家三丝卷

【菜肴】农家三丝卷

【主料】腐皮

【配料】春笋、猪肉末

【调料】盐、味精、番茄酱、香菜、葱丝

【烹调技法】

清炸

【制作过程】

①将春笋切末,与猪肉末一同加盐、味精拌匀后,捏成长条形。

②将腐皮包入肉馅,卷紧后放入油锅中炸至酥脆。

③最后,浇入番茄汁装盘。

【风味特点】

色泽黄亮,鲜香味美。

【制作要点】

①炸制过程中,一定要将火力调小。

②一定要将豆腐衣卷开口封牢,以免炸时入油,影响成菜口感。

③炸"响铃"时要逐个下锅,用勺不断翻搅,以防互相粘在一起。

【知识链接】

腐皮是中国传统豆制品,是用豆类做的一种食品。在中国南方和北方地区有多种名菜。豆腐皮性平味甘,有清热润肺、止咳消痰、养胃、解毒、止汗等功效。豆腐皮营养丰富,蛋白质、氨基酸含量高。

45.三色汇

【菜肴】三色汇

【主料】冬笋

【配料】笋干、五花肉

【调料】鸡汁、高汤、盐

【烹调技法】

蒸

【制作过程】

①将冬笋、笋干、五花肉切成大小一样的长方块。

②将各原料焯水,将笋干与五花肉同煮,使其入味。

③将冬笋、五花肉、笋干分别改刀成长宽约5厘米,厚约0.5厘米的厚片,叠起,用笋丝捆扎,放入盛器加高汤蒸制即成。

【风味特点】

味道鲜美,色泽清亮,口感层次丰富。

【制作要点】

①五花肉要提前做好初步熟处理,避免有毛腥味,放入高汤中提取基础味。

②蒸制时间为半小时。

【知识链接】

高汤是烹饪中常用的一种辅助原料,以往通常是指鸡汤,经过长时间熬煮,留下其汤水,用于烹制其他菜肴时,在烹调过程中代替水,加入菜肴或汤羹中,目的是提鲜,使味道更浓郁。做菜时凡需加水的地方换作加高汤,菜肴必定更美味鲜香。俗话说:"无鸡不鲜,无鸭不香,无皮不稠,无肚不白。"

46.毛笋烧肉

【菜肴】毛笋烧肉

【主料】五花肉

【配料】春笋

【调料】桂皮、香叶、八角、生抽、老抽、葱、料酒、姜、冰糖

【烹调技法】

烧

【制作过程】

①将笋切块备用，五花肉切成 3 厘米的四方块，锅中凉水下入五花肉，加入葱、姜、料酒焯水洗去浮沫。

②将油锅炒香，放桂皮、香叶、水、老抽、生抽、盐、冰糖炖煮 20 分钟后加入春笋，加入盐再中火焖烧入味，大火收汁即可食用。

【风味特点】

酥烂入味，色泽红亮。

【制作要点】

①要选择嫩笋尖，容易烧入味，口感也比较好。

②烧肉要采用小火慢烧半小时，使肉吃起来肥而不腻。

【知识链接】

红烧肉的烹饪技巧：首先，"工欲善其事，必先利其器"，要想做出好吃的红烧肉，应该选用肥瘦相间的三层五花肉；其次，在切块之前，先把整块五花肉的猪皮煎一下，破坏猪皮的组织纤维，再经过焖烧，这样能达到入口即化的目的；最后，在焖烧之前，应该先把五花肉煎出部分油脂，这是红烧肉肥而不腻的关键。

47.腊味炒山笋

【菜肴】腊味炒山笋

【主料】春笋 200 克

【配料】腊肠 50 克、蒜苔 50 克

【调料】盐、生抽、料酒各适量

【烹调技法】

炒

【制作过程】

①将春笋切成厚 0.4—0.5 厘米的片,焯水后过凉备用,将腊肠蒸熟斜切片,蒜苔切段。

②将蒜苔煸香加入腊肠、春笋翻炒,加入老抽、生抽、盐、味精、糖调味,淋油出锅。

【风味特点】

腊味浓郁,咸鲜味美。

【制作要点】

①春笋切片不要太厚,否则炒制时不易成熟。

②家常菜不需要勾芡。

【知识链接】

腊肠,是指以肉类为原料,切绞成丁,配以辅料,灌入动物肠衣后经发酵、成熟干制成的中国特色肉制品,是中国肉类制品中品种最多的一大类产品。腊肠不加淀粉,可贮存很久,熟制后食用,风味鲜美,醇厚浓郁,回味绵长,越嚼越香。

48.咸笃笋

【菜肴】咸笃笋

【主料】咸肉、圆笋

【配料】开洋、千张

【调料】鸡汁、葱、鸡粉、鸡汤

【烹调技法】

煮

【制作过程】

①将圆笋改滚刀块，咸肉改条状，待水烧开后捞出过凉。

②加入鸡汤、鸡汁、葱、鸡粉、开洋、千张一起炖制。

③大火烧开，小火炖制一个小时。

【风味特点】

口味咸鲜，汤鲜味浓。

【制作要点】

①笋切块后在热水锅里焯一次水再煮。

②咸肉和开洋都要清洗后，浸漂一会儿再下锅煮。

【知识链接】

开洋这种叫法是浙江地区的吴语方言，指的是腌制晒干后的虾仁干，用在烹饪中，起到提鲜调味的作用，相当于一种调味品。它和虾皮的区别就是，完整的小而无肉的称为虾皮，大些的去掉虾皮腌制的是开洋。

49.北山腊笋

【菜肴】北山腊笋

【主料】五花肉

【配料】腊笋

【调料】盐、生抽、老抽、糖、葱、姜、料酒、香叶、八角、桂皮

【烹调技法】

烧

【制作过程】

①将五花肉、腊笋分别改刀成长方块。

②将五花肉、笋分别焯水,笋焯水后过凉备用。

③而后另起一锅,加葱姜煸香后,加五花肉、腊笋干、老抽、生抽、糖、料酒、香料等一同烧煮入味,旺火收汁即成。

【风味特点】

色泽红润,略带回甜,酥烂可口。

【制作要点】

五花肉切 2 厘米见方的块,焯水后葱姜起香后,将五花肉加绍酒炒香去部分油脂,再加其他调料烧制,这样的肉块不油腻。

【知识链接】

腊笋有一种特殊的香气,特别是炖起来特别的好吃,但是泡发腊笋也是很重要的一步。因为腊笋特别干,也特别硬,所以就用淘米水泡着,回软后风味犹存,之后换用清水泡即可。也可直接用清水泡发腊笋,然后放在比较温暖的地方泡发,这样就会泡发得更快一些,不推荐用热水涨发。

50.筒骨烧笋

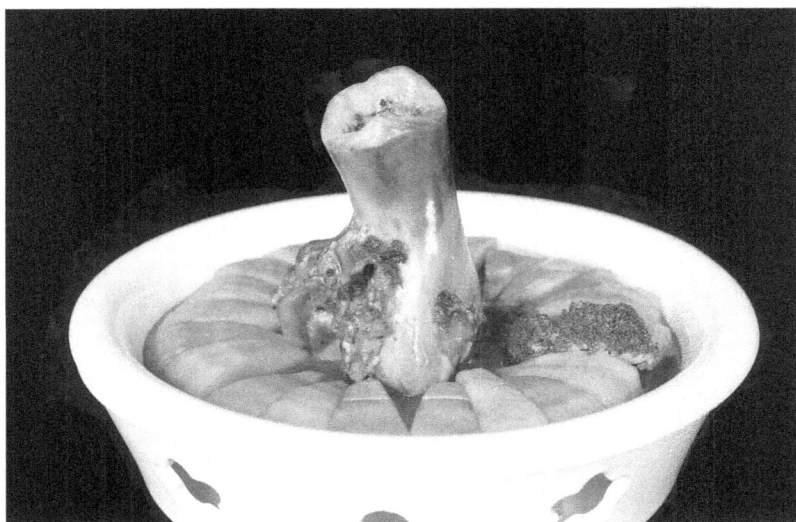

【菜肴】筒骨烧笋

【主料】筒骨

【配料】冬笋

【调料】盐、生抽、老抽、糖、葱、姜、料酒、蚝油

【烹调技法】

烧

【制作过程】

①将筒骨焯水,冬笋切小块备用。

②将筒骨加高汤,而后加盐、酱油、蚝油等调味,大火烧开,小火炖煮,待汤汁较浓时,下入冬笋,烧煮入味后勾芡、收汁,将冬笋和筒子骨摆入盘中即成。

【风味特点】

骨香味浓,味道鲜美。

【制作要点】

制作此菜关键就是要制汤,首先要把筒子骨制作出白汤,再放入笋一起烧制入味,以小火慢烧再勾芡。

【知识链接】

筒骨即中间有洞,可以容纳骨髓的大骨头。比较好的筒骨,应该是后腿的腿骨,因为这里的骨头比较粗。骨中的骨髓含有很多骨胶原,除了可以美容,还可以促进伤口愈合,增强体质。

51.雪菜春笋炒里脊

【菜肴】雪菜春笋炒里脊

【主料】春笋、里脊肉

【配料】雪菜、青椒、红椒

【调料】盐、生抽、蒜泥、姜米、葱段、花椒

【烹调技法】

炒

【制作过程】

①将春笋切成厚约 3 毫米的片,里脊肉切片,加盐、水淀粉上浆备用。

②将春笋放入冷水锅中焯水,里脊肉滑油。

③锅中留底油,加入雪菜、蒜泥、花椒煸炒,而后加入里脊肉及青红椒翻炒,烹入兑汁芡,翻炒即成。

【风味特点】

荤素搭配,口味咸鲜,质感脆爽软嫩。

【制作要点】

里脊肉要上全蛋浆,雪菜最好淘洗一遍沥干水分再用。

【知识链接】

雪里蕻,一年生草本植物,芥菜的变种,将芥叶连茎腌制,便是雪里蕻(又称雪里翁),俗称辣菜。叶子深裂,边缘皱缩,花鲜黄色。茎和叶子是普通蔬菜,通常腌着吃。在中国北方地区,到了秋冬季节叶子会变为紫红色,故名"雪里红"。在中国南方地区,因为很少见到变为紫红色的"雪里红",所以也被误传为"雪里蕻"。

52.笋煮肉片

【菜肴】笋煮肉片

【主料】毛笋、里脊肉

【配料】豆芽、白菜

【调料】豆瓣酱、豆豉、辣椒粉、花椒粉、盐、生抽、糖、葱花、姜米、蒜泥、小米椒

【烹调技法】

煮

【制作过程】

①将里脊肉切片,上浆备用,毛笋切片,豆芽去根,白菜切段。

②将毛笋片焯水,里脊肉滑油。

③锅中留底油,烧热,倒入花椒、干辣椒煸香,再放入豆瓣酱、豆豉及高汤,然后将白菜叶、豆芽、毛笋片、里脊肉放入,大火烧开,中火加热约 15 分钟。

④临出锅前,再撒上葱花、蒜泥、花椒,淋上热油即成。

【风味特点】

色泽红亮,麻辣味浓。

【制作要点】

制作此菜因放入了豆瓣酱和豆豉,成菜应注意适当减少盐的量,主配料都应该做初步处理,焯水和滑油,保证菜肴成熟后滑嫩脆爽的口感。

【知识链接】

煮:原料经多种方式的初步熟处理,包括炒、煎、炸、滑油、焯烫等预制成为半成品,放入锅内,加适量汤汁和调味料,用旺火烧开后,改用中火加热成菜的技法。热菜煮法以最大限度地抑制原料鲜味流失为目的。因此,加热时间不能太长,防止原料过度软散失味。

53.虞香笋丝

【菜肴】虞香笋丝

【主料】春笋

【配料】里脊肉、青红菜椒

【调料】盐、糖、味精、生粉、调和油

【烹调技法】

滑炒

【制作过程】

①将春笋、里脊肉、青红椒分别切丝。

②将里脊肉上浆后放入油锅中滑油,春笋焯水备用。

③锅中留少许底油,将春笋丝、里脊丝、青红椒丝分别投入锅中翻炒,加少许盐、味精、高汤调味,勾薄芡、淋明油出锅。

【风味特点】

口味咸鲜,质地滑嫩。

【制作要点】

里脊肉滑油时油温不要太高,控制在三成热油温,三种丝要切得粗细一致,以突出主料。

【知识链接】

里脊肉,是指猪、牛、羊等脊椎动物的脊椎骨内侧的条状嫩肉。里脊肉通常分为大里脊和小里脊,大里脊就是与大排骨相连的瘦肉,外侧有筋覆盖,通常吃的大排去骨后就是里脊肉,适合炒菜用。小里脊是脊椎骨内侧一条肌肉,比较少,很嫩,适合做汤。

54.笋扎肉

【菜肴】笋扎肉

【主料】毛笋

【配料】猪肋条肉

【调料】盐、生抽、老抽、糖

【烹调技法】

烧

【制作过程】

①将毛笋切成薄片,焯水后待用。

②将猪肋条肉加盐、味精、生抽、料酒等调味后捏成长条形。

③将笋片包入肉馅,并用稻草扎起。

④锅中加入葱姜、酱油、糖、盐、八角、香叶、草果等,将笋扎肉放入锅中烧制约 30 分钟,至上色入味即成。

【风味特点】

色泽红亮晶莹,肉香酥笋脆爽,肥而不腻。

【制作要点】

①要选用大一点的毛笋,利于批片。

②必须经过长时间焖烧直至肉酥、味浓、清香四溢,即可收汁。

【知识链接】

扎肉是浙江绍兴地方传统风味名肴。色泽红亮晶莹,肉香酥爽韧,肥而不腻,酥而不碎。做法是将五花肉切条,同棕叶焯水,取出用棕叶将五花肉包起来,并用青稻草扎紧,配以茴香、桂皮、葱结、姜块,用纱布扎成香料包。扎肉相传始于明嘉靖时。

55.醉翁笋扣肉

【菜肴】醉翁笋扣肉

【主料】猪五花肉

【配料】笋干、青菜

【调料】盐、生抽、老抽、糖、调和油、糖色、料酒

【烹调技法】

烧

【制作过程】

①将五花肉切成方块，焯水备用，青菜心削尖备用。

②将笋干加水泡开，撕成细丝，编成笋辫备用。

③将五花肉放入锅中，加糖、料酒、鲜酱油、葱段、姜片等调味，大火烧开小火焖煮，出锅前勾芡收汁。

④将笋辫摆入扣碗中，入高汤上笼蒸制约半个小时，而后扣入盛器内，将五花肉的肉汁浇淋其上，并将五花肉、青菜心摆入装盘。

【风味特点】

咸鲜回甜，肥而不腻。

【制作要点】

①处理五花肉时，要先焯水去除腥臊味。

②糖色要熬制好，上色才红亮。

【知识链接】

糖色：糖加水熬制的金黄色液体，糖色被广泛地用作着色，使食物更具特色，增进人的食欲。炒糖色共有三种方法，一是油炒，二是水炒，三是水油混合炒。炒糖色时，待糖液呈嫩汁或者糖色状态之后一定要加开水（切忌加凉水）熬制。

56.鲜笋三珍

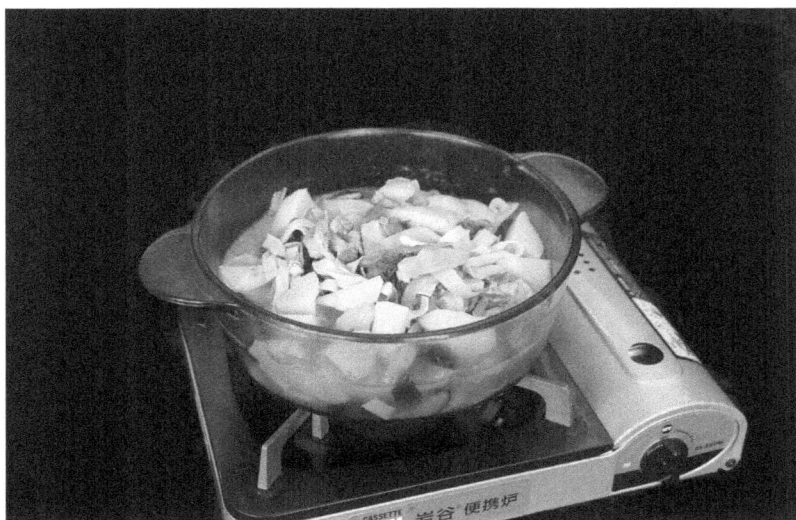

【菜肴】鲜笋三珍

【主料】腊鸭、风鸡

【配料】毛笋、百叶

【调料】高汤、姜片、鸡汁、胡椒粉各适量

【烹调技法】

烧

【制作过程】

①将腊鸭、风鸡改刀成块,出水备用。

②将毛笋去皮出水,改成滚刀块。

③锅中加油下小料煸炒,加高汤、风鸡、腊鸭,放入笋块一起煨制,至酥烂调味。

【风味特点】

汤汁浓郁,口味咸鲜。

【制作要点】

腊鸭、风鸡这两种原料都应先在清水中浸泡片刻再加工,去掉多余的盐分。

【知识链接】

百叶,亦作千浆皮子、百页、豆腐皮、千张等。传统豆制品,形薄如纸,色黄白。可凉拌,可清炒,可煮食。百叶的叫法多见于江苏地区;北方地区称干豆腐;赣、皖地区称为千张;湖南岳阳称千浆皮子。

57.扣三丝

【菜肴】扣三丝

【主料】鸡胸脯肉、冬笋、金华火腿

【配料】青菜心、香菇

【调料】高汤、鸡汁、盐、味精

【烹调技法】

扣蒸

【制作过程】

①将鸡胸肉、金华火腿放入锅里,加清水、姜片、料酒煮15分钟。

②晾凉后取出鸡肉火腿切成细丝,将冬笋去壳后同样焯水晾凉切成细丝,香菇用水泡发后剪去根蒂,放入扣碗底部。

③将火腿丝、鸡肉丝、冬笋丝分成三份,沿碗壁整齐地排放在香菇上。

④将多余的火腿丝、鸡肉丝、冬笋丝混合后,把碗中间空的地方塞满压紧。

⑤加入少许鸡汤后包上保鲜膜,入蒸锅隔水蒸10分钟,取出扣碗倒扣在盆中,小心取出扣碗。

⑥清鸡汤烧热后,加少许盐调味,沿盆边倒入即成。

【风味特点】

咸鲜口味、整齐美观、汤汁澄清。

【制作要点】

扣三丝选料要认真,刀工十分精细,摆放进扣碗里的原料要压实,否则扣出来不整齐美观。

【知识链接】

金华火腿色泽鲜艳,红白分明,瘦肉香咸带甜,肥肉香而不腻,美味可口,内含丰富的蛋白质、脂肪、多种维生素和矿物质。2001年,国家质量技术监督局正式批准"金华火腿"为原产地域保护产品(即地理标志保护产品)。

58.霉干菜扣肉

【菜肴】霉干菜扣肉

【主料】猪五花肉

【配料】霉干菜

【调料】盐、糖、味精、生抽、糖色、老抽

【烹调技法】

扣蒸

【制作过程】

①将连皮猪肉去毛,洗净备用;洗干净霉干菜上面的盐分,切碎,再浸泡至无咸味。

②将猪肉放入冷水锅中焯水后,用牙签插满洞,再在四边均匀地涂上深色酱油或老抽,沥干水分。

③锅内油热至 160 摄氏度,放入猪肉块(皮朝下)过油走红,上色后捞出,切成 5—8 毫米的肉片。

④锅内热油,将沥干水分的霉干菜放入后炒香,加入少量白糖、生抽调味。

⑤将切好的肉片,肉皮朝下,装入一只圆碗内。均匀地撒上少量糖和盐调味。再将炒香的霉干菜铺在上面。最后,用汤匙压紧实,蒸锅内放凉水,将碗放上,不用加盖,盖上锅盖,中火蒸 60 分钟。

【风味特点】

口味咸鲜,外酥里嫩,肥而不腻。

【制作要点】

①选择五花肉时,最好是六成肥四成瘦。

②霉干菜如用当季的话,味道会更好。

【知识链接】

猪肉含有丰富的优质蛋白质和人体必需的脂肪酸,并提供血红素(有机铁)和促进铁吸收的半胱氨酸,能改善缺铁性贫血,具有补肾养血、滋阴润燥的功效。其富含的铜是人体健康不可缺少的微量营养素,对于血液、中枢神经和免疫系统,以及肾等内脏的发育和功能有重要影响。

59.笋焖"扎肉"

【菜肴】笋焖"扎肉"

【主料】荔浦芋头

【配料】毛笋

【调料】盐、生抽、老抽、八角、桂皮、香叶、豆蔻、草果、绍酒

【烹调技法】

烧焖

【制作过程】

①将芋头切成正方体,再片成片,毛笋同样横切成片。

②将毛笋片、芋头片叠在一起,用稻草捆扎好备用。

③锅中加高汤、盐、老抽、生抽、糖色、香叶等调料,将"扎肉"放入煮至上色、入味即成。

【风味特点】

色泽红亮,鲜香味美。

【制作要点】

制作这道菜时要先把笋烧一下,先入味再改刀,否则跟荔浦芋头一起煮会把荔浦芋头煮烂了。烧制时间控制在 20 分钟就可以了。

【知识链接】

相传明嘉靖时,奸党弄权,民不聊生。山阴(绍兴旧时为山阴、会稽两县)有田氏家祠,向有在每年冬至祭祖时,向各族丁分肉一斤的族规。这年时值大旱,田产收益大减,值年者无力按族规办事,便购来少量猪肉,切成小块,连皮带骨以竹箸壳紧扎,烧煮后分给族人,族人见值年者以块代斤,虽甚感不满,但一尝其味极佳,加之年成如此,也就默认了。以后值年者竞相仿效,因肉块上均扎有箸壳,称为"扎肉"。

60.金汤玉笋

【菜肴】金汤玉笋

【主料】筒骨

【配料】毛笋、鹌鹑蛋

【调料】盐、高汤、鸡汁

【烹调技法】

清炖

【制作过程】

①将筒骨焯水后,加葱结、姜片炖制骨汤,至汤色浓白,调味待用。

②将毛笋切小块,焯水,鹌鹑蛋煮熟剥壳待用。

③待炖好骨头汤后将毛笋、鹌鹑蛋放入骨头汤中,再一同炖煮约 20 分钟即成。

【风味特点】

汤鲜味浓,营养丰富。

【制作要点】

制作这道菜的关键就是要先进行制汤,只要汤制好了,这道菜的味道就出来了。

【知识链接】

鹌鹑蛋又名鹑鸟蛋、鹌鹑卵。鹌鹑蛋被认为是"动物中的人参"。宜常食,为滋补食疗品。鹌鹑蛋在营养上有独特之处,故有"卵中佳品"之称。它近圆形,个体小,一般有 10 克左右,表面有棕褐色斑点。鹌鹑蛋的营养价值不亚于鸡蛋,有不错的护肤、美肤作用。

61. 花式扣笋辫

【菜肴】花式扣笋辫

【主料】笋干

【配料】霉干菜、五花肉、胡萝卜

【调料】盐、生抽、老抽、八角、香叶

【烹调技法】

扣蒸

121

【制作过程】

①将笋干切成小条，编成辫状，摆入碗中。

②将五花肉与霉干菜一同烧制，摆入碗中垫底，上笼蒸制，蒸好后扣入碗中。

③将西蓝花、胡萝卜焯水围边。

【风味特点】

菜香肉酥笋脆，造型十分独特。

【制作要点】

①制作这道菜首先要选择好的霉干菜，用水泡发后用油炒一遍增加香味。

②将五花肉切成稍微厚一些的片摆放整齐，确保蒸好后扣出来形整不散。

【知识链接】

胡萝卜，又名金笋、胡芦菔、红芦菔、丁香萝卜、红萝卜或甘荀，属伞形科一年或两年生草本植物。其根粗壮，呈圆锥形或圆柱形，肉质紫红或黄色，原产于中亚细亚一带，已有 4000 多年历史。汉朝张骞出使西域，将胡萝卜带回内地，胡萝卜从此在我国各地扎根繁衍。

62.飘香笋丝

【菜肴】飘香笋丝

【主料】春笋

【配料】胡萝卜、香芹、腊肉

【调料】盐、味精、料酒、胡椒粉、葱花、姜米、蒜泥

【烹调技法】

清炒

【制作过程】

①将胡萝卜、香芹、腊肉、春笋分别切丝。

②将胡萝卜、春笋焯水备用。

③锅中留少许油,将各原料一同倒入锅中翻炒即成。

【风味特点】

咸鲜清淡,营养丰富,是非常好的家常菜。

【制作要点】

本道菜也是考验刀工的一道菜肴,胡萝卜丝、春笋、香芹、腊肠都要粗细均匀一致,调味以清淡为主。

【知识链接】

香芹为伞形科欧芹属的两年生草本植物。原产地中海沿岸,具有清爽的香味,呈鲜绿色。古罗马时代起用于烹调,其食用部分为嫩叶和嫩茎,可生食或用肉类煮食,也可作为菜肴的干香调料或做羹汤及其他蔬菜食品的调味品,深受人们欢迎。同时,它也是世界上用的最广的一种草药。

63.一笃鲜

【菜肴】一笃鲜

【主料】咸猪腿肉

【配料】春笋

【调料】盐、高汤、料酒、胡椒粉、葱

【烹调技法】

炖

【制作过程】

①将咸猪腿肉洗净,分别切成块;将春笋切滚刀块焯水。

②取砂锅一只,锅内加清汤、咸肉块,用大火烧开。

③再加酒、葱段,改用中火慢慢焖到肉半熟,再加入竹笋块、盐、味精,继续煮熟透,撇尽浮沫,取去葱段即成。

【风味特点】

咸鲜味浓,笋脆肉香。

【制作要点】

①去除腌肉上的盐一般用清水漂洗来溶解,但其实用清水漂洗并不能达到除盐的目的。

②正确的方法是用盐水来漂洗腌肉上过多的盐。盐水的浓度应低于腌肉所含盐水的浓度,经过几次漂洗,腌肉上的盐就逐渐溶解掉,最后再用淡盐水洗一下即可食用。一般情况下,反复清洗三四次即可。

【知识链接】

腌肉是用食盐腌制的,又叫渍肉、盐肉、咸肉。其产品特点:外观清洁,刀工整齐,肌肉坚实,表面无黏液,切面的色泽鲜红,肥膘稍有黄色,具有咸肉固有的风味。

64.福袋春笋

【菜肴】福袋春笋

【主料】烤麸

【配料】春笋、荠菜、猪肉末、香葱

【调料】盐、白糖、料酒、生抽

【烹调技法】

蒸

【制作过程】

①将春笋切小粒,荠菜烫熟后剁碎,与猪肉末一同加入盐、味精、酱油等调味料拌匀成馅。

②将烤麸中间掏空,填入笋末、荠菜肉馅,上笼蒸约 30 分钟。

③待成熟后,用香葱叶扎起即成。

【风味特点】

风味浓郁,口感丰富,造型独特。

【制作要点】

①在把烤麸中间挖空时,要注意不能把外表的皮弄破。

②蒸好后用小葱扎口,这样造型别致的福袋就做好了。

【知识链接】

烤麸,是以生面筋为原料,经保温、发酵、高温蒸制而成,为常见的素食食材。它呈褐黄色,多气孔,有点像海绵,口感松软有弹性。常见于江浙菜品中的烤麸做法是"四喜烤麸"(四喜一般是指笋片、黄花、木耳、花生)和"蜜汁烤麸"。

65.三鲜石榴包

【菜肴】三鲜石榴包

【主料】春卷皮

【配料】胡萝卜、春笋、黄瓜、鸡脯肉、蒜苗

【调料】盐、白糖、沙拉酱

【烹调技法】

蒸

【制作过程】

①把胡萝卜、春笋、黄瓜、鸡脯肉焯水切小丁,拌酱汁制成馅。

②将春卷皮包入,呈石榴状,将蒜苗切细长的丝,包紧石榴包口即成。

③将石榴包放入笼上蒸制5分钟左右,浇上沙拉酱成菜。

【风味特点】

形似石榴,鲜美可口,外皮透明,内馅多彩。

【制作要点】

①在包制时要注意不能把外表的皮弄破。

②包好后要用蒜苗丝卷紧。

【知识链接】

瓶装沙拉酱的主要原料是植物油、鸡蛋黄和酿造醋,再加上调味料和香辛料等调制而成。其中植物油在欧洲多用橄榄油,而在亚洲一般使用大豆色拉油。油类与鸡蛋黄经充分搅拌后,发生乳化作用,就成了美味可口的沙拉酱。而少量醋主要起抗菌作用,因而沙拉酱中一般不含防腐剂,可算作一种"绿色食品"。

66.酿野味拼笋丝

【菜肴】酿野味拼笋丝

【主料】羊肚菌、春笋

【配料】芦笋、虾仁、黑木耳、胡萝卜、荠菜

【调料】盐、白糖、味精、生抽、胡椒粉、料酒、蒜泥

【烹调技法】

炒

【制作过程】

①将笋焯水切丝,与胡萝卜丝、荠菜一同炒制。

②将部分虾仁打成蓉,酿入羊肚菌中。

③将虾仁、芦笋、黑木耳、酿羊肚菌一同焯水,加盐、味精、胡椒粉等炒制成熟,装盘即成。

【风味特点】

咸鲜味美,爽脆可口。

【制作要点】

在炒制时要注意投料顺序,以保证原料的口感和成菜质感。

【知识链接】

芦笋是天门冬科天门冬属多年生草本植物石刁柏的幼苗,可供蔬食。未出土的呈白色称为白笋,出土后呈绿色称为绿笋。芦笋含有丰富的维生素 B、维生素 A,以及叶酸、硒、铁、锰、锌等微量元素。芦笋具有人体所必需的各种氨基酸。

67.长塘一品笋

【菜肴】长塘一品笋

【主料】春笋

【配料】青菜心、韭菜、火腿、枸杞

【调料】盐、味精、高汤

【烹调技法】

煮

【制作过程】

①将春笋切丝，青菜削成菜心，火腿切菱形片，焯水。

②用韭菜将笋丝捆扎成金针菇状，放入高汤中炖煮约 10 分钟即成。

【风味特点】

汤清味鲜，滋味醇和，爽脆可口。

【制作要点】

制作这道菜关键就是要有好的高汤，笋丝刀工要均匀一致，才能体现出菜肴的精细，青菜只取菜心 3 片叶子即可。

【知识链接】

韭菜，别名丰本、草钟乳、起阳草、懒人菜、长生韭、壮阳草、扁菜等，属百合科多年生草本植物，具特殊强烈气味。叶、花薹和花均作蔬菜食用，种子等可入药，具有补肾、健胃、提神、止汗固涩等功效。在中医里，有人把韭菜称为"洗肠草"。

68.鲜汁笋菊花

【菜肴】鲜汁笋菊花

【主料】冬笋

【配料】枸杞

【调料】盐、味精、高汤

【烹调技法】

蒸

【制作过程】

①将冬笋切成 5—6 厘米见方的正方块。

②将笋块焯水后迅速过凉备用。

③用直刀剞将笋剞出菊花花刀。

④放入小碗内加入高汤蒸 10 分钟左右至熟,加枸杞点缀即可。

【风味特点】

汤清味鲜,滋味醇和,形似菊花。

【制作要点】

①在切制笋块时下刀要稳,保持刀距均匀一致。

②蒸制时间不宜过长,防止过于软烂破坏造型。

【知识链接】

刀功是厨师必须具备的基本技能之一。广义的刀功包括粗料加工,即初加工时所用的刀法,和细料加工,即决定原料形态的刀法。刀工技术对菜肴制成后的色、香、味、形及卫生等方面都有重要的影响。十字花刀是在原料表面精细地切出距离均匀深浅一致的呈 90 度交叉的刀纹,然后改刀成小块状,经过加热后能使原料卷曲成不同形状的成型剞刀法。

69.石城竹林笋鲜

【菜肴】石城竹林笋鲜

【主料】春笋

【配料】糯米、红豆、笋干

【调料】盐、白糖、生抽、老抽、八角、香叶、丁香、花椒

【烹调技法】

烧

【制作过程】

①将春笋尖掏空,填入浸泡过的糯米和红豆,入蒸箱蒸制成熟。

②将春笋尖用斜刀切成厚约 1 厘米的片。

③将笋干洗净,焯水后加卤汁、香料烧煮约 1 个小时。

④待笋干入味后稍稍冷却,而后改刀摆入盘中即可。

【风味特点】

风味独特,将糯米藕的制作方法移植到春笋的创新菜上,香甜可口。

【制作要点】

在制作这道菜时要选用稍微粗一点的笋,而且要大小均匀一致,方便酿入辅料,蒸好后最宜凉食,别有一番风味。

【知识链接】

糯米:又叫江米,为禾本科植物稻(糯稻)的去壳种仁。糯米呈乳白色,不透明,也有呈半透明,黏性大,分为籼糯米和粳糯米两种。籼糯米由籼型糯性稻谷制成,米粒一般呈长椭圆形或细长形;粳糯米由粳型糯性稻谷制成,米粒一般呈椭圆形。中国南方称之为糯米,而北方则多称之为江米。

70.金钩笋衣白玉卷

【菜肴】金钩笋衣白玉卷

【主料】竹荪菌

【配料】河虾、白玉笋、黑松露

【调料】盐、味精、料酒、高汤

【烹调技法】

蒸

【制作过程】

①将河虾挤出虾仁,加水、盐打成蓉,将白玉笋取笋尖,掏空,焯水后过凉备用。

②将虾蓉酿入白玉笋中。

③小碗中加清汤、河虾、竹荪菌、酿白玉笋上笼蒸制,最后放黑松露点缀。

【风味特点】

汤清味鲜,滋味醇和。

【制作要点】

在酿白玉笋时一定要注意要酿紧实,否则虾蓉易脱落。

【知识链接】

黑松露也称块菌,是一种生长于地下的野生食用真菌,外表凹凸不平。

色泽介于深棕色与黑色之间,呈小凸起状,遍布灰色或者浅黑色与白色的纹理,与蘑菇等一般菌类不同,松露的孢子不是通过风进行传播,而是通过那些啃食松露的动物来传播。松露主要生长在松树、橡树、榛树、山毛榉树下,这是因为松露不能进行光合作用,无法独立存活,必须借助与某些树根之间的共生关系获取养分。

71.儿时记忆

【菜肴】儿时记忆

【主料】毛笋

【配料】水磨糯米粉、肉末、雪菜

【调料】

盐、葱、姜、料酒、高汤、菜籽油、八角、桂皮、干辣椒、美味鲜酱油

【烹调技法】

煮

【制作过程】

①将新鲜毛笋去壳(毛笋壳留着备用)切块,冷水下锅(冷水下锅的毛笋不会麻口),待熟后过凉备用。

②放入菜籽油、八角、桂皮、干辣椒、美味鲜酱油等,再下入笋块调味煮至熟透入味即可。

③取下的笋头、笋边及多余的笋切丁加肉末、雪菜、葱花,炒成馅料。

④水磨糯米粉中加入适量开水捏成团,再捏成皮,包进炒好的馅料做成汤团。

⑤将汤团放入沸水煮至浮起,用毛笋壳垫底装盘,中间摆上卤好的笋块点缀即可。

【风味特点】

外皮软糯可口,馅心爽脆鲜嫩,回味无穷。

【制作要点】

①在包制成团时注意收口要收紧,否则下入水中煮制时易开裂。

②在烫粉时要烫匀烫透。

【知识链接】

八角是八角茴香科、八角属的一种植物。八角果为著名的调味香料,也供药用。果皮、种子、叶都含芳香油,是制造化妆品、甜香酒、啤酒和食品的重要原料。

72.象形东坡笋

【菜肴】象形东坡笋

【主料】毛笋

【配料】霉干菜、糯米、可可粉、抹茶粉

【调料】盐、白糖

【烹调技法】

蒸

【制作过程】

①将毛笋切成厚片,放入锅中,加卤汁炖煮,待表面颜色棕黄入味时,取出,切成长条形薄片。

②将糯米浸泡后蒸熟,与霉干菜拌匀调味。捏出笋尖形。

③将毛笋片一片片包在糯米霉干菜上,上笼蒸制即成,用可可粉、抹茶粉打底装盘。

【风味特点】

形似竹笋,色泽棕红,入口软糯,别具风味

【制作要点】

①笋在切片时一定要切得薄而均匀

②在包制时一定要包紧

【知识链接】

可可粉是从可可树结出的豆荚(果实)里取出的可可豆(种子),经发酵、粗碎、去皮等工序得到的可可豆碎片(通称可可饼),由可可饼脱脂粉碎之后得到的粉状物,即为可可粉。可可粉按其含脂量分为高、中、低脂可可粉,按加工方法不同分为天然粉和碱化粉。可可粉具有浓烈的可可香气,可用于高档巧克力、饮品,冰激淋、糖果、糕点及其他含可可的食品。

73.龙场悟道

【菜肴】龙场悟道

【主料】雷笋

【配料】糯米

【调料】盐、味精、高汤

【烹调技法】

蒸

【制作过程】

①将糯米泡开,雷笋剥小尖,而后掏空备用。

②将糯米填入笋尖内,入高汤蒸制成熟即可。

【风味特点】

鲜美入味,爽糯可口。

【制作要点】

①在剥尖时要注意不能把笋掰断。

②在填入笋尖前一定要把糯米泡开。

【知识链接】

相关典故:王阳明于明武宗正德元年因反对宦官刘瑾,被贬至贵州龙场当驿丞,在龙场这安静又困苦的环境里,王阳明对着竹子日夜反省。一天半夜里,他突然顿悟,创立"心学",这就是著名的"龙场悟道"。

74.满堂春

【菜肴】满堂春

【主料】毛笋

【配料】花生米、香菇

【调料】盐、白糖、生抽、老抽

【烹调技法】

炒

【制作过程】

①将毛笋切小丁,花生米过油炸熟,干香菇泡发备用。

②在小碗中调入酱油、香醋、盐、姜汁、白砂糖和料酒,混合均匀,制成兑汁芡。

③锅中留底油,烧热后将花椒和干辣椒放入,用小火煸出香味。

④放入笋丁和香菇,翻炒均匀后再加入花生米,再烹入兑汁芡,迅速翻炒后淋油出锅。

【风味特点】

风味独特,口感丰富。

【制作要点】

这其实是一道不分主次的原料配菜,在加工时原料要切得大小一致。

【知识链接】

花生米是指去掉花生壳的那部分果仁,事实上是花生的种子,整个的花生叫果实、荚果,也叫落花生、地果、唐人豆。花生长于滋养补益,可延年益寿,所以民间又称"长生果",并且和黄豆一样被誉为"植物肉""素中之荤"。

75.镜箱豆腐

【菜肴】镜箱豆腐

【主料】老豆腐

【配料】春笋、虾仁、韭菜

【调料】盐、白糖

【烹调技法】

酿

【制作过程】

①将老豆腐切成长方块,放入油锅炸至金黄。

②将老豆腐切开掏空,填入春笋馅,用韭菜捆扎,上笼蒸制即成。

【风味特点】

造型别致,创意新菜,口味咸鲜。

【制作要点】

选择老豆腐,改刀成长方块,下锅炸制时油温要稍微高点,这是为了让外层固型,内部松软,方便取出里面的豆腐,为后面酿入原料做准备。

【知识链接】

箱子豆腐是山东传统的地方名菜,属于鲁菜分支博山菜的代表菜之一。箱子豆腐是素菜荤做。一百多年来,习惯上都是以猪肉、海米为主要馅料,再选择木耳、青菜心、玉兰片、葱、姜、蒜等蔬菜,配上调料而成。再将鲜豆腐切长方块,炸后切一口,挖出豆腐瓤,像是一个一个小箱子一样,里面填入木耳、玉兰片等素料馅,烧汁蒸过,再烧汁而成。口味鲜美,营养丰富。清乾隆故宫《御膳膳底档》载有此菜品,是满汉全席九百宴中的热菜四品之一。

76.一品赛鲍鱼

【菜肴】一品赛鲍鱼

【主料】圆笋 8 支

【配料】火腿 20 克、虾仁 4 只、皮蛋半个、咸鸭蛋半个、芦笋 8 支、胡萝卜 50 克

【调料】盐、白糖

【烹调技法】

煮

【制作过程】

①将圆笋切成长条和芦笋一起煮熟装盘。

②将火腿、虾仁、皮蛋、咸鸭蛋、胡萝卜切丁炒香,加入高汤和盐浇在笋上。

【风味特点】

口味清鲜,质感丰富。

【制作要点】

皮蛋蒸熟后比较好切,不蒸熟的话就用棉线比较好切,不容易沾刀。

【知识链接】

松花蛋,又称皮蛋、灰包蛋、包蛋等,是一种中国传统风味蛋制品。主要原材料是鸭蛋,也可以是鸡蛋,口感鲜滑爽口,色香味均有独到之处。松花蛋,不但是美味佳肴,而且还有一定的药用价值。王士雄《随息居饮食谱》中说:"皮蛋,味辛、涩、甘、咸,能泻热、醒酒、去大肠火、治泻痢,能散能敛。"中医认为皮蛋性凉,可治眼疼、牙疼、高血压、耳鸣眩晕等疾病。

77. 菠萝八宝笋

【菜肴】菠萝八宝笋

【主料】菠萝、虾仁、春笋、胡萝卜

【配料】笋干

【调料】盐、白糖

【烹调技法】

炒

【制作过程】

①将菠萝、胡萝卜、笋切成小丁,与虾仁一起焯水,炒制。

②将菠萝削成半圆,笋干片成大片,作为垫底装饰。

【风味特点】

酸甜可口,色泽分明。

【制作要点】

将切好后的菠萝在淡盐水中浸泡片刻,使菠萝没那么酸。不分主次的配菜原料大多应该均匀一致。

【知识链接】

菠萝,是热带水果之一。台湾地区称之为旺梨或者旺来,新马一带称为黄梨,大陆称作菠萝。共有 70 多个品种,为岭南四大名果之一。菠萝原产于南美洲巴西、巴拉圭的亚马孙河流域一带,16 世纪从巴西传入中国。凤梨与菠萝在生物学上是同一种水果。市场上,凤梨与菠萝为不同品种水果:菠萝削皮后有"内刺"需要剔除;而凤梨削掉外皮后没有"内刺"。

78.长塘笋八鲜

【菜肴】长塘笋八鲜

【主料】春笋

【配料】小鲍鱼、鹌鹑蛋、豆腐干

【调料】盐、白糖、味精、调和油、高汤

【烹调技法】

炖

【制作过程】

①将豆腐干等放于砂锅中垫底。

②将鲍鱼、鹌鹑蛋等放在砂锅中间，摆好造型。

③以大火烧开，小火烧煮，炖煮入味即成。

【风味特点】

软嫩柔润，浓郁荤香。

【制作要点】

笋这种原料富含纤维组织，但是缺乏脂肪，鹌鹑蛋鲜味也不足，所以这道菜需要添加高汤才能提鲜。最后将各种原料放入钵内，一定要用小火炖制，不可急躁，否则达不到效果。

【知识链接】

豆腐干，中国传统豆制品之一，是豆腐的再加工制品。它咸香爽口，硬中带韧，久放不坏，是中国各大菜系中都有的一道美食。豆腐干营养丰富，含有大量蛋白质、脂肪、碳水化合物，还含有钙、磷、铁等多种人体所需的矿物质。豆腐干在制作过程中会添加食盐、茴香、花椒、大料、干姜等调料，既香又鲜，久吃不厌，被誉为"素火腿"。

79.笋的语言

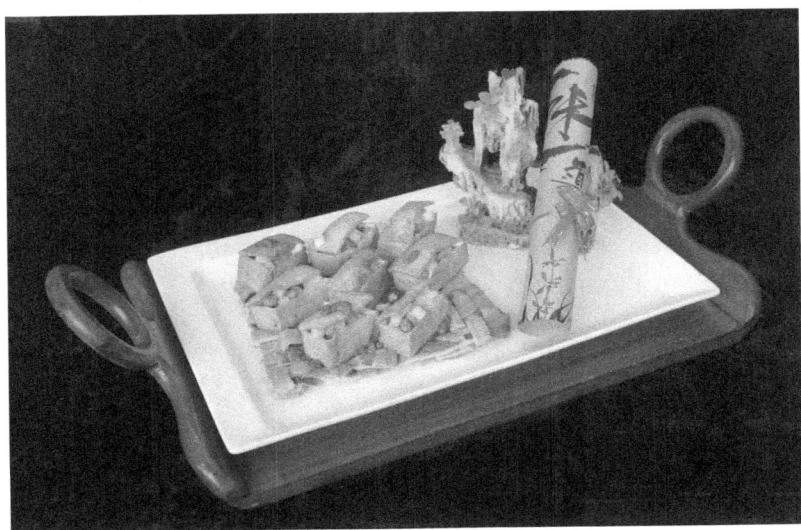

【菜肴】笋的语言

【主料】天目山笋干

【配料】豆腐、胡萝卜、毛笋、甜豆、鱼肉

【调料】盐、白糖

【烹调技法】

酿

【制作过程】

①将天目山笋干切条编成席,蒸熟后留作垫底,盐乳豆腐切成大小一致的方块。

②将豆腐下至油锅煎至六面金黄,顶端开盖,镂空,备用;将胡萝卜切丁,毛笋切丁,加入少许天山甜豆,焯水。

③将各原料下锅滑炒,装入豆腐盒子,将绿白鱼米勾玻璃芡均匀撒在豆腐盒子上即可。

【风味特点】

荤素搭配,造型精致,口感咸鲜软嫩。

【制作要点】

笋干涨发后要在高汤中充分入味后再编,豆腐下锅时油温可以稍微高点,以方便定型。

【知识链接】

甜豆,是豆科属,一年生攀缘草本植物,食用嫩荚。原产欧洲南部及地中海沿岸地区,其营养价值很高,属于高档原料,在欧美国家普遍种植,在中国广东、广西、四川和云南等南方省市广泛种植。随着近几年的对外开放,搞活经济,北京地区开始逐年扩大种植面积。甜豆含有多种人体必需的氨基酸,营养丰富。清炒、做汤、涮食皆可。

80.明脯鲜笋柴把

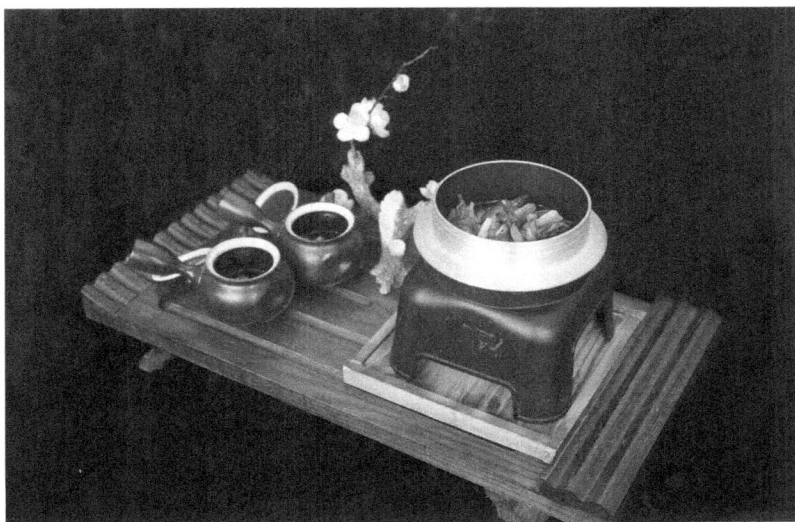

【菜肴】明脯鲜笋柴把

【主料】明脯干、咸肉

【配料】胡萝卜、春笋、香葱、芦笋

【调料】盐、白糖、味精、调和油

【烹调技法】

蒸

【制作过程】

①将明脯干涨发,春笋、咸肉、胡萝卜切成长约 5 厘米,粗 0.3—0.4 厘米的细丝。

②将笋丝、咸肉丝、胡萝卜丝、芦笋一同用葱叶捆扎。

③放入盛器,入高汤蒸制入味即成。

【风味特点】

口味咸鲜,营养丰富。

【制作要点】

将墨鱼干洗净用温水泡发 24 小时,中间记得换几次水。改用开水,再次将泡发的墨鱼干放在有盖子的容器中 12 小时。让它自然舒展,恢复原状。

【知识链接】

墨鱼盐腌后制干者,称明脯,淡制干者,称脯。"螟脯",即曝干后的墨鱼。采用干腊法:如将鲜黄鱼剖开晒干,就是著名的"白鲞",味鲜美可口;或将墨鱼(俗称"乌贼")割去海螺峭晒干,叫"明脯"。这种干腊海鲜,不但可以久藏,并且别有风味。这就是为何把乌贼干称为明脯干。

81.糟香雷雨笋

【菜肴】糟香雷雨笋

【主料】雷笋

【配料】菠菜

【调料】盐、白糖、香糟卤、甜面酱

【烹调技法】

烧

【制作过程】

①将雷笋尖切齐后焯水。

②锅中加香糟卤、酱油、甜面酱及其他香料，以大火烧开，小火焖煮，入味后即成。

【风味特点】

咸鲜回甜，糟香味醇。

【制作要点】

甜面酱的量不能太多，否则会掩盖香糟卤的糟香气味。

【知识链接】

香糟卤是用科学方法从陈年酒糟中提取香气浓郁的糟汁，再配入辛香调味汁，精制而成。香糟卤体态透明无沉淀，突出陈酿酒糟的香气，鲜咸口味适中，荤素浸蘸皆可，清节蒸、糟溜、煲汤、炒菜皆宜。香糟卤现成的干香糟（即酒糟）不能直接作调味用，必须加工成香糟卤才能使用。

82.功夫燨山笋

【菜肴】功夫燨山笋

【主料】雷笋

【调料】盐、白糖、甜面酱、高汤

【烹调技法】

烧

【制作过程】

①将雷笋片成两片,焯水后,备用。

②锅中倒入葱花、姜米,再倒入适量甜面酱、高汤、酱油,将雷笋放入,以大火烧开,中火加热,待笋入味后,旺火收汁。

③最后将雷笋摆出装盘。

④此菜也可以切丝佐粥食用

【风味特点】

风味独特,酱香味浓,咸甜适口。

【制作要点】

此菜主要依靠高汤提鲜,依靠甜面酱提味,小火慢炖使笋质感软嫩入味。

【知识链接】

甜面酱,又称甜酱,是以面粉为主要原料,经制曲和保温发酵制成的一种酱状调味品。其味甜中带咸,同时有酱香和酯香,适用于烹饪酱爆和酱烧菜,如"酱爆肉丁"等,还可蘸食大葱、黄瓜、烤鸭等菜品。

83.芝士焗春笋

【菜肴】芝士焗春笋

【主料】春笋 1000 克

【配料】芝士 100 克、肉末 100 克、葱 20 克、红椒 10 克

【调料】盐、白糖

【烹调技法】

焗

【制作过程】

①先刷洗笋壳外表泥土。将切开的春笋,立马泡入水里,水必须浸过笋。

②将带水的笋,先放进蒸锅蒸熟,大约 30 分钟。

③将预热后的春笋放凉后,取出笋肉部分,切成小丁留用。

④把葱切碎,红椒切成菱形,芝士切碎备用。将热锅肉末煸香加入笋丁、葱和红椒片。加入少许芝士。放入 5 克生抽、5 克白糖、5 克盐。搅拌均匀即可。

⑤放入笋肉部分,将剩余芝士铺在上面。烤箱 200 摄氏度预热,烤 10—15 分钟即可。

【风味特点】

借鉴西式技法运用在中餐上,创新菜肴,香甜适口,鲜香软嫩。

【制作要点】

笋一定要先杀青,否则靠烤是烤不出水嫩的质感的。

【知识链接】

焗,是一种制作工艺。相较于其他的制作手法,焗更能保留食物的原汁原味,更能挖掘食物的营养价值。这是一种西餐技艺。

84.**春意盎然**

【菜肴】春意盎然

【主料】澄粉、春笋、荠菜

【配料】红鱼子酱、蒜苗

【调料】盐、白糖、味精、调和油

【烹调技法】

蒸

【制作过程】

①把春笋切小粒，与荠菜拌合调味。

②而后包入澄粉皮中，呈石榴状，把蒜苗切成细长的丝，并用其包紧石榴包口即成。

【风味特点】

造型别致，口味咸鲜，质感软嫩。

【制作要点】

制作澄粉皮：将澄粉、淀粉加盐拌匀，用开水冲搅，加盖焖5分钟，取出搓擦匀透，再加猪油揉匀成团，下剂压成皮。

【知识链接】

澄粉又称澄面、汀粉、小麦淀粉。这是一种无筋的面粉，成分为小麦，可用来制作各种点心如虾饺、粉果、肠粉等。它是加工过的面粉，用水漂洗过后，把面粉里的粉筋与其他物质分离出来，粉筋成为面筋，剩下的就是澄面。

85.冬笋竹荪汤

【菜肴】冬笋竹荪汤

【主料】竹荪

【配料】冬笋、鲜虾

【调料】盐、糖、味精、高汤、调和油

【烹调技法】

炖

【制作过程】

①将浸泡回软的竹荪,切去头和尾部的网,放入温水中焯烫 20秒钟,去除竹荪的生涩味。捞出后,用冷水洗净,将冬笋去笋衣清洗干净备用。

②准备高汤及所有原料,入炖锅中以小火炖 1 个小时后调味即可。

【风味特点】

香味浓郁,滋味鲜美。

【制作要点】

①将少量的食盐放入清水中溶化,将干竹荪放入淡盐水中浸泡 10 分钟。

②10 分钟后竹荪变软,将竹荪的菌盖头剪掉。

③换一盆清水,把网状的花冠都清理掉,最后用清水清理即可。

【知识链接】

竹荪是寄生在枯竹根部的一种隐花菌类,形状略似网状干白蛇皮,它有深绿色的菌帽,雪白色的圆柱状的菌柄,粉红色的蛋形菌托,在菌柄顶端有一围细致洁白的网状裙从菌盖向下铺开,被人们称为"雪裙仙子""山珍之花""真菌之花""菌中皇后"。竹荪营养丰富,香味浓郁,滋味鲜美,自古就被列为"草八珍"之一。

86.腌菜扣笋

【菜肴】腌菜扣笋

【主料】腌娃娃菜

【配料】冬笋、香菇

【调料】盐、白糖

【烹调技法】

扣蒸

【制作过程】

①将腌娃娃菜一切四劈开,冬笋焯水后剞花刀切薄片,排入扣碗中。

②再填入切过的腌娃娃菜,上笼蒸制约 20 分钟即成。

【风味特点】

质感脆爽,口味咸酸适口。

【制作要点】

将腌娃娃菜用清水清洗一遍,再改刀,可以保持形整不散,将冬笋片先整齐地排放在扣碗里,再倒扣在盘中。

【知识链接】

娃娃菜是一种袖珍型小株白菜,属十字花科芸薹属白菜亚种,娃娃菜帮薄而甜嫩,味道甘甜,营养丰富,富含维生素、微量元素与硒。娃娃菜外叶为绿色,叶球合抱,球叶根据品种不同略有差异,分为金黄色、浅黄色、白色、橘红色等。

87.三鲜扣笋

【菜肴】三鲜扣笋

【主料】霉千张、春笋

【配料】虾仁、香菇、娃娃菜

【调料】盐、白糖、味精、生粉

【烹调技法】

蒸

【制作过程】

①将娃娃菜切成大片,焯水后沥干备用。

②将春笋焯水切片,排入扣碗中,再填入娃娃菜入高汤上笼蒸制至约七成熟,而后倒去汤汁。

③将霉千张切块、虾仁焯水,分别摆入盘中,将春笋扣入盘中,加入鲜汤,上笼蒸制约 30 分钟,最后浇上薄芡成菜。

【风味特点】

清香素淡,口味咸鲜。

【制作要点】

霉千张选整齐无残片的,笋片排放在碗里要整齐,这样扣出来是整齐的刀面。

【知识链接】

霉千张是绍兴市上虞崧厦镇的著名特产,制作历史悠久,霉千张具有独特的风味,是豆制品中的佳品。据传,清代崧厦镇所产之霉千张,被宫廷誉为"奇菜"。当时东海普陀山的普济、法雨、惠济三大寺院,曾专购崧厦霉千张,以敬香客和云游高僧。崧厦霉千张以鲜洁、清香、素淡而闻名,畅销上海、杭州、宁波、北京、香港乃至印度尼西亚、新加坡等地。

88.水晶笋包

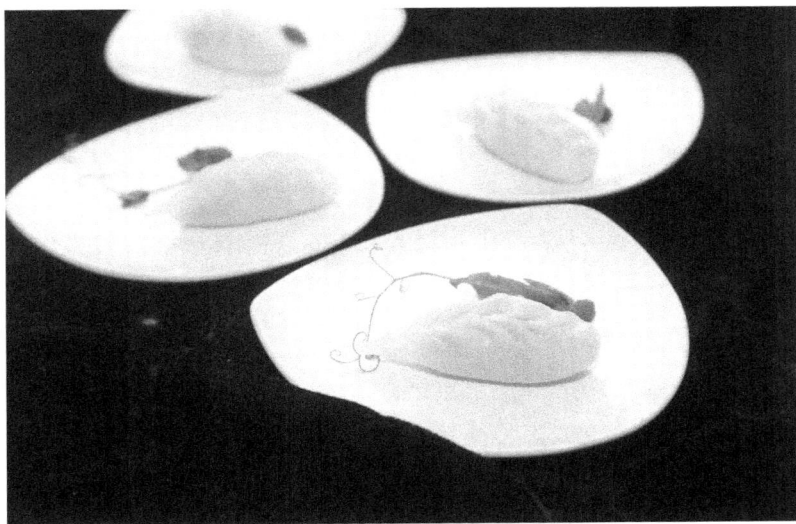

【菜肴】水晶笋包

【主料】澄粉

【配料】春笋、霉干菜、五花肉

【调料】盐、白糖、色拉油、葱姜末、料酒、生抽

【烹调技法】

蒸

【制作过程】

①将澄粉加热，水和成面团，搓条、下剂、擀圆皮待用。

②将春笋焯水，霉干菜泡水，而后将春笋、霉干菜、五花肉一同切成末，拌入适量盐、味精、糖、葱姜末、料酒、生抽调成馅心。

③将澄面皮包入肉馅，捏成秋叶饺，上笼蒸约 15 分钟即成。

【风味特点】

味道鲜美爽滑，美味可口。

【制作要点】

①和面的水要烫，以开水烫面。倒水速度要慢，每个地方都要烫到。

②即擀即包，不然皮干了就容易裂。将暂时用不到的皮全部盖起来。

【知识链接】

淀粉作为原料可应用于方便面、火腿肠、冰激凌等食品和可降解塑料制品中。作为发酵原料用于淀粉糖、氨基酸、酒精、抗生素、味精等产品的生产。淀粉也可以加工成变性淀粉，广泛应用于造纸、纺织、食品、铸造、医药、建筑、石油钻井、选矿等领域。

89. 越香双味笋

【菜肴】越香双味笋

【主料】野山笋

【配料】毛笋

【调料】盐、白糖、花椒、香叶、高汤

【烹调技法】

煮

【制作过程】

①将毛笋切成长条,野山笋切取其笋尖备用。

②锅中放入盐、花椒、香叶、高汤等调辅料,将野山笋放入煮制约40分钟,至入味即可。

③另取一锅,加老抽、生抽、盐等调味,将毛笋条放入,以大火烧开,小火煮入味即可。

【风味特点】

一菜双味,原汁原味,酱香浓郁。

【制作要点】

一方面要保持笋的原汁原味,就不可以去掉笋壳;另一方面要突出酱香味,要小火烧入味。

【知识链接】

花椒是芸香科花椒属落叶小乔木。花椒用作中药,有温中行气、逐寒、止痛、杀虫等功效,可用来治胃腹冷痛、呕吐、泄泻、血吸虫病、蛔虫病等症,还可作表皮麻醉剂。

90.油焖春笋

【菜肴】油焖春笋

【主料】春笋

【调料】盐、白糖、酱油、高汤

【烹调技法】

油焖

【制作过程】

①将笋洗净、对剖开，用刀拍松，切成 5 厘米的段。

179

②炒锅置中火,加底油,加花椒煸香,再下入笋,加酱油、白糖、高汤,焖烧 20 分钟,至汤汁浓稠即可淋油出锅。

【风味特点】

色泽红亮,鲜嫩爽口,鲜咸而带甜味。

【制作要点】

烧笋时要加开水,如果加冷水,会使笋表面收缩,有损口感。油焖春笋这道菜不必搭配任何食材,以免影响春笋特有的鲜美味道。将笋拍松可以在烧制时更入味。

【知识链接】

"油焖春笋"是一道特色传统风味菜肴,属浙菜系。它选用清明前后的嫩春笋,以重油、重糖烹制而成,色泽红亮,鲜嫩爽口,鲜咸而带甜味,百吃不厌。1956 年被浙江省认定为 36 种杭州名菜之一。2012 年入选纪录片《舌尖上的中国》第一季《自然的馈赠》系列美食之一。

91.一品全家福

【菜肴】一品全家福

【主料】鸭脯、鸡蛋、鹌鹑蛋、红培根、冬笋、海参、莴苣、鱼蓉

【配料】白菜、紫菜、法香

【调料】盐、白糖、淀粉、吉士粉、鸡汁

【烹调技法】

蒸

【制作过程】

①将白菜洗净,切成小段,入沸水锅焯水过凉,挤掉多余的水分。

②将鸡蛋的蛋清、蛋黄分开,分别用筷子搅匀,不可产生过多的气泡。

③加盐搅匀,蛋清液中加浓稠的湿淀粉,蛋黄液中加浓稠的吉士粉液,分别搅匀后过细筛网,再倒入抹好油的容器中,上笼以小火蒸制变硬后取出,晾凉。

④将蛋黄液摊成薄的蛋皮,放上紫菜,抹上鱼蓉,在两头放上胡萝卜条,两头向中间卷起,上笼蒸制成熟即可。

⑤将冬笋蛋白糕、蛋黄糕、鸭脯、红培根分别修成规格一样的梯形。

⑥将白菜和下脚料分层摆入砂锅中,压实,将各种梯形切成同一厚度的片摆在白菜的面上,面与面相对应,形成八个扇面。

⑦将蒸好的鱼卷切成同一厚度的片,在八个扇面上摆成一个圆,中间放入鹌鹑蛋、海参,莴苣修成橄榄形,对半切开,放在各个扇面的连接点上。

⑧沸水中加适量的鸡汁、盐、味精调匀,倒入砂锅中,蒸制半小时左右。

⑨放入法香进行装饰。

【风味特点】

食物不失原味,且香气不涣散,汤底柔美而不腻。

92.八宝石榴笋

【菜肴】八宝石榴笋

【主料】毛笋、油皮

【配料】圆糯米、鲜豌豆、熟火腿、苡仁、芡实、香菇、莲子、百合

【调料】盐、白糖

【烹调技法】

黄焖

【制作过程】

①将红曲米、糯米、苡仁、芡实分别用冷水浸泡。

②将笋肉、熟火腿、香菇、莲子、百合分别焯水,切丁备用。

③将苡仁、芡实预煮至六分熟。

④糯米加水,上笼蒸至七分熟。

⑤将红曲米连同原水置锅内以小火慢煮,取红曲米水备用。

⑥锅内置少许色拉油,将笋肉、糯米、苡仁、芡实、熟火腿、香菇、莲子、百合、鲜豌豆放入煸炒,加食盐、生抽、老抽、白糖、味精调味,出锅成馅备用。

⑦将油皮改刀,包入馅心,呈石榴形,用棉绳扎住接口,剪刀修出石榴花造型。

⑧将淀粉、面粉、蛋液混合,加适量水,调制全蛋糊。

⑨置于宽油锅中加热至四五成油温,将"石榴"挂糊,入油锅炸制成型,随后升油温至七成热,复炸上色,形成光滑脆壳。

⑩锅内用红曲米水、绵白糖、老抽、生抽、食盐调制成原汤,将八宝石榴笋放入小火烧制,采用黄焖的手法,成熟后以大火收汁,勾芡、淋油后出锅。

⑪菜肴出品。盘饰采用西芹作茎,用黄椒、胡萝卜、黄瓜雕刻成小花,与八宝石榴笋呼应,即成一体。

【风味特点】

色泽红亮,形如石榴,馅心糍糯,咸鲜香醇。

93.笋夹火腿

【菜肴】笋夹火腿

【主料】竹笋、金华火腿

【配料】青菜心

【调料】盐、味精、高汤、鸡汁

【烹调技法】

蒸

【制作过程】

①将新鲜的笋去壳,洗净,切成厚约 0.2 厘米的大片,将火腿

切成薄片。

②用清水煮沸，加入笋片汆烫，捞出过冷水；将青菜心焯水过凉。

③将笋片、火腿片依次整齐码入盘中，倒入少许高汤、鸡汁上笼以大火蒸制约 30 分钟，至笋片酥软即可。

④将青菜整齐码于菜旁，在火腿笋片上淋上明油即成。

【风味特点】

火腿的清香融入竹笋中，口口嫩香。

【制作要点】

1. 选择新鲜冬笋，保证菜肴原汁原味的鲜美滋味。

2. 经过汆烫可以去除笋的部分苦涩味。

【知识链接】

金华火腿色泽鲜艳，红白分明，瘦肉香咸带甜，肥肉香而不腻，美味可口；内含丰富的蛋白质和脂肪、多种维生素和矿物质；制作经冬历夏，经过发酵分解，营养成分更易被人体所吸收，具有养胃生津、益肾壮阳、固骨髓、健足力、愈创口等作用。其外形皮薄爪细，皮色黄亮，形似琵琶，肉色红润，香气浓郁，以色、香、味、形"四绝"闻名于世。

金华火腿在长达数个月的发酵过程中，在酸、碱或酶的共同作用下，能分解出多达 18 种氨基酸，其中有 8 种是人体不能自行合成的必备氨基酸。

据史料考证，金华火腿始于唐，唐代开元年间陈藏器编纂的《本草拾遗》中记载："火腿，产金华者佳"；两宋时期，金华火腿生产规模不断扩大，成为金华的知名特产；元朝时期，意大利马可波罗将火腿的制作方法传至欧洲，成为欧洲火腿的起源；明朝时，金华火腿已成为金华乃至浙江著名的特产，并被列为贡品；清代时，金华火腿已外销日本、东南亚和欧美各地。

94.笋香竹筒饭

【菜肴】笋香竹筒饭

【主料】籼米、毛笋

【配料】胡萝卜、火腿、黄瓜

【调料】盐、味精

【烹调技法】

炒

【制作过程】

①将籼米煮成饭。

②将毛笋、胡萝卜、黄瓜、火腿分别切丁,毛笋、胡萝卜分别焯水备用。

③锅中留底油,将毛笋丁、胡萝卜丁、黄瓜丁、火腿丁一同倒入锅中翻炒均匀,加盐、味精等调料调味后,将饭倒入,翻炒均匀后,放入竹筒中。

④将竹筒盖上盖,上笼蒸制约 20 分钟即可。

【风味特点】

竹香四溢,香气扑鼻,口味鲜香软糯。

【制作要点】

要选用新鲜的竹子,制作时要把竹子清洗干净,籼米要提前用水泡 20 分钟。

【知识链接】

籼米系用籼型非糯性稻谷制成的米。米粒呈细长形或长椭圆形,长者长度在 7 毫米以上,蒸煮后出饭率高,黏性较小,米质较脆,加工时易破碎,横断面呈扁圆形,颜色为白色,透明的较多,也有半透明和不透明的。

95.菊茶笋香饭

【菜肴】菊茶笋香饭

【主料】菊花、泰国香米

【配料】紫菜、虾仁、笋干、鱼子酱

【调料】盐、味精

【烹调技法】

炒

【制作过程】

①将泰国香米煮成饭。

②将虾仁焯水,笋干切成细丝,菊花泡开备用,紫菜切成丝。

③将虾仁、笋丝、菊花、米饭、紫菜加盐、味精等调料一同炒制成熟。

④最后将饭盛出后点缀以鱼子酱、薄荷叶。

【风味特点】

创新主食,药膳食疗,中西结合的烹饪技法。

【制作要点】

泰国香米要先泡 20 分钟再蒸制,冷却后备用。

【知识链接】

泰国香米是原产于泰国的长粒型大米,是籼米的一种。因其香糯的口感和独特的露兜树香味享誉世界,是仅次于印度香米的世界上最大宗的出口大米品种之一。

96.春笋菠萝饭

【菜肴】春笋菠萝饭

【主料】菠萝、泰国香米

【配料】毛笋、豌豆、火腿、鸡蛋

【调料】盐、白糖、味精

【烹调技法】

炒

【制作过程】

①将泰国香米煮成饭。

②将菠萝对半切开,掏空,菠萝肉切丁。

③将毛笋、火腿切小丁,毛笋焯水备用,鸡蛋打匀成蛋液。

④将毛笋丁、火腿丁、菠萝丁、豌豆加盐、味精炒制成配料备用。

⑤锅中留少许油,将鸡蛋液倒入,待其未彻底凝固时倒入米饭翻炒均匀,再倒入配料以大火翻炒均匀,盛入菠萝中即可。

【风味特点】

香甜软糯,唇齿留香。

【制作要点】

①泰国香米应蒸得稍干一些,这样制成的炒饭才好吃。

②有过敏史的人最好不要吃。菠萝中含有一种致敏物质——菠萝朊酶,而盐水能破坏其致敏结构,所以将菠萝切开后要在盐水中浸泡一下。

【知识链接】

鸡蛋,富含胆固醇,营养丰富。一个鸡蛋重约 50 克,含优质蛋白质 7—8 克,脂肪 5—6 克。鸡蛋蛋白质的氨基酸比例很适合人体生理需要,易为机体吸收,利用率高达 98% 以上,营养价值很高,是人类常食用的食物之一。

97.笋干菜扣肉

【菜肴】笋干菜扣肉

【主料】五花肉 1000 克

【辅料】笋干菜 200 克

【调料】食用油、料酒、酱油、糖、味精、葱姜蒜适量、八角一粒

【烹调技法】

蒸

【制作过程】

①将五花肉刮洗干净,放入锅中,加凉水,开盖煮至水开,再煮3分钟,出尽血沫,捞出,用清水洗净。

②将锅洗净,重新加水、肉、葱、姜,煮至八成熟(30分钟左右)。

③以老抽涂匀煮熟的肉皮。用炒锅烧热,加油烧至七成热,转小火,放入肉块,肉皮朝下,炸制2分钟左右,至肉皮爆起后,取出,沥油,晾凉。用炒锅内的余油炒香葱姜和八角。

④将肉块切成0.5厘米左右的片,皮朝下,整齐的码入蒸碗中。

⑤将泡好洗净的笋干菜放入锅中,炒匀后,加2勺生抽,2勺糖,继续炒匀,炒2分钟左右,加入一碗煮肉的汤,继续炒至汤汁微干,加少量鸡精炒匀。

⑥将炒好的笋干菜放入蒸碗,盖在肉的上面,压实,覆上保鲜膜,上锅蒸2小时。取出,将肉扣在盘中倒出原汁,入炒锅烧沸,加水淀粉勾芡,淋在肉上即可。

【风味特点】

酱红油亮,黏稠鲜美,扣肉肥而不腻,食之软烂醇香。

【制作要点】

1.五花肉在炸制前要沥干水分,入锅炸制至表皮起皱即可出锅。

2.干菜在放入扣碗前要先用水充分泡开,切成小段方可进行垫底。

【知识链接】

笋干菜扣肉是江南有名的一道民间家常菜,也是伟人鲁迅和周恩来的至爱。选用绍兴的优质乌干菜,配以农家猪肉,按苏东坡"慢著火、少著水""柴头罨烟焰不起"的方法烧制的干菜扣肉,香味醇厚,别具风味。

　　绍兴民间独特的名菜——乌干菜(又名霉干菜)是有名的"绍兴三乌"之一,不仅吃起来香味醇厚,还具解暑热,清脏腑、消积食、治咳嗽、生津开胃之功效。

98.一品南乳笋

【菜肴】一品南乳笋

【主料】毛笋

【调料】南乳汁、葱、盐、糖、酱油、水淀粉

【烹调技法】

烧

【制作过程】

①将新鲜的毛笋去壳,洗净,笋切成长方块备用。

②将清水煮沸,加入笋块氽烫,至熟后,捞出过冷水。

③锅里加底油,加入少许葱段煸香,加入南乳汁、高汤,下入毛笋块,加入糖、酱油、盐等调料,烧至毛笋酥香入味,加水淀粉勾芡,收汁、装盘成菜。

【风味特点】

笋酥味香、色彩鲜艳。

【制作要点】

①选择新鲜黄芽毛笋,保证菜肴原汁原味。

②掌握好火候,充分烧制入味。

【知识链接】

南乳汁:南乳汁就是用豆腐乳为主料,以盐、味精、糖、辣椒豆豉为辅料而制成的乳汁,主要用来给食物增添鲜味。南乳汁主要产自浙江一带,是种腌制而成的食品。南乳汁能有效地增强人的食欲。南乳汁因为其口感颇佳而受到人们的欢迎,在浙江乃至全国都是比较出名的一种豆腐乳制品。不仅可以提味,还可以增加菜肴色泽。

99.鞭笋干菜汤

【菜肴】鞭笋干菜汤

【主料】鞭笋

【配料】霉干菜、小葱

【调料】盐

【烹调技法】

烧

【制作过程】

①将新鲜的鞭笋去壳,洗净,切滚刀块。

②将清水煮沸,加入笋鞭汆烫,捞出过冷水。

③将霉干菜放入清水浸泡备用。

④锅内加入高汤,下入笋鞭、干菜,以大火烧开,小火煮制约 10 分钟成菜。

【风味特点】

笋鞭融合了干菜的鲜香,鲜上加鲜。

【制作要点】

选择新鲜时令鞭笋,是菜肴鲜香味美的关键。

【知识链接】

鞭笋,又称鞭梢、笋鞭、边笋,是指竹鞭的先端部分。可以烹饪出多种美味可口的菜品,可荤可素,老少皆宜。鞭笋外包坚硬的鞭箨(笋壳),形状尖削,穿透力甚强。鞭梢生长与发笋长竹交替进行,生长活动期 5—6 个月,以后在新竹抽枝发叶后,夏、秋季行鞭生长,大量孕笋后逐渐停止生长。冬季萎缩脱落,以后在断处发出岔鞭。

100. 笋丝韭菜炒肉丝

【菜肴】笋丝韭菜炒肉丝

【主料】竹笋、猪外脊肉

【配料】韭菜

【调料】盐、味精、糖、油、料酒、湿淀粉

【烹调技法】

炒

【制作过程】

①将猪外脊肉切成直径 0.3 厘米，长 6－7 厘米的肉丝，加料酒、湿淀粉上浆备用，将笋切成细丝。

②将肉丝放入三四成热的油锅中滑油,笋丝焯水备用。

③热锅,留底油,下入韭菜,煸炒,再下入肉丝、笋丝,加盐、味精调味,翻炒均匀,淋油出锅。

【风味特点】

春天的嫩韭菜,加上鲜嫩的春笋,炒出了春天的味道。

【制作要点】

选料新鲜,选择新鲜春笋、韭菜,保证菜肴原汁原味。

【知识链接】

炒的分类:

1.生炒:以不挂糊的原料为主。先将主料放入沸油锅中,炒至五六成熟,再放入配料,配料易熟的可迟放,不易熟的与主料一齐放入,然后加入调味品,迅速颠翻几下,断生即好。这种炒法,汤汁很少,清爽脆嫩。

2.熟炒:一般先将大块的原料加工成半熟或全熟(煮、烧、蒸或炸熟等),然后改刀成片、块等,放入沸油锅内略炒,再依次加入辅料、调味品和少许汤汁,翻炒几下即成。熟炒菜的特点是略带卤汁、酥脆入味。

3.滑炒:先将主料出骨,经调味品入味,再用蛋清生粉上浆,放入三四成热的温油锅中滑油,再炒配料,待配料快熟时,投入主料同炒几下,加些卤汁,勾薄芡起锅。

4.煸炒(又称干煸):干炒是将不挂糊的小型原料,经调味品拌腌后,放入八成热的油锅中迅速翻炒,炒到外面焦黄时,再加配料及调味品(大多包括带有辣味的豆瓣酱、花椒粉、胡椒粉等)同炒几下,待全部卤汁被主料吸收后,即可出锅。干炒菜肴的一般特点是干香、酥脆、略带麻辣。